| 简明量子科技丛书 |

U0174316

万物一弦
漫漫统一路

成素梅 —— 主编

张天蓉 —— 著

上海科学技术文献出版社
Shanghai Scientific and Technological Literature Press

图书在版编目（CIP）数据

万物一弦：漫漫统一路 / 张天蓉著．—上海：上海科学技术文献出版社，2023

（简明量子科技丛书）

ISBN 978-7-5439-8784-5

Ⅰ．①万…　Ⅱ．①张…　Ⅲ．①量子论　Ⅳ．①O413

中国国家版本馆 CIP 数据核字（2023）第 037137 号

选题策划：张　树

责任编辑：王　珺

封面设计：留白文化

万物一弦：漫漫统一路

WANWUYIXUAN: MANMAN TONGYILU

成素梅　主编　张天蓉　著

出版发行：上海科学技术文献出版社

地　　址：上海市长乐路 746 号

邮政编码：200040

经　　销：全国新华书店

印　　刷：商务印书馆上海印刷有限公司

开　　本：720mm×1000mm　1/16

印　　张：11.5

字　　数：198 000

版　　次：2023 年 4 月第 1 版　2023 年 4 月第 1 次印刷

书　　号：ISBN 978-7-5439-8784-5

定　　价：68.00 元

http://www.sstlp.com

总序

成素梅

当代量子科技由于能够被广泛应用于医疗、金融、交通、物流、制药、化工、汽车、航空、气象、食品加工等多个领域，已经成为各国在科技竞争和国家安全、军事、经济等方面处于优势地位的战略制高点。

量子科技的历史大致可划分为探索期（1900—1922），突破期（1923—1928），适应、发展与应用期（1929—1963），概念澄清、发展与应用期（1964—1982），以及量子技术开发期（1983—现在）等几个阶段。当前，量子科技正在进入全面崛起时代。我们今天习以为常的许多技术产品，比如激光器、核能、互联网、卫星定位导航、核磁共振、半导体、笔记本电脑、智能手机等，都与量子科技相关，量子理论还推动了宇宙学、数学、化学、生物、遗传学、计算机、信息学、密码学、人工智能等学科的发展，量子科技已经成为人类文明发展的新基石。

“量子”概念最早由德国物理学家普朗克提出，现在已经洐生出三种不同却又相关的含义。最初的含义是指分立和不连续，比如，能量子概念指原子辐射的能量是不连续的；第二层含义泛指基本粒子，但不是具体的某个基本粒子；第三层含义是作为形容词或前缀使用，泛指量子力学的基本原理被应用于不同领域时所导致的学科发展，比如量子化学、量子光学、量子生物学、量子密码学、量子信息学等。[①] 量子理论的发展不仅为我们提供了理解原子和亚原子世界的概念框架，带来了前所未有的技术应用和经济发展，而且还扩展到思想与文化领域，导致了对人类的世界观和宇宙观的根本修正，甚至对全球政治秩序产生着深刻的影响。

但是，量子理论揭示的规律与我们的常识相差甚远，各种误解也借助网络的力量充斥各方，甚至出现了乱用“量子”概念而行骗的情况。为了使没有物理学基础

① 施郁．揭开“量子”的神秘面纱［J］．人民论坛·学术前沿，2021，(4)：17.

的读者能够更好地理解量子理论的基本原理和更系统地了解量子技术的发展概况，突破大众对量子科技“知其然而不知其所以然”的尴尬局面，上海科学技术文献出版社策划和组织出版了本套丛书。丛书起源于我和张树总编辑在一次学术会议上的邂逅。经过张总历时两年的精心安排以及各位专家学者的认真撰写，丛书终于以今天这样的形式与读者见面。本套丛书共由六部著作组成，其中，三部侧重于深化大众对量子理论基本原理的理解，三部侧重于普及量子技术的基础理论和技术发展概况。

《量子佯谬：没有人看时月亮还在吗》一书通过集中讲解“量子鸽笼”现象、惠勒延迟选择实验、量子擦除实验、“薛定谔猫”的思想实验、维格纳的朋友、量子杯球魔术等，引导读者深入理解量子力学的基本原理；通过介绍量子强测量和弱测量来阐述客观世界与观察者效应，回答月亮在无人看时是否存在的问题；通过描述哈代佯谬的思想实验、量子柴郡猫、量子芝诺佯谬来揭示量子测量和量子纠缠的内在本性。

《通幽洞微：量子论创立者的智慧乐章》一书立足科学史和科学哲学视域，追溯和阐述量子论的首创大师普朗克、量子论的拓展者和尖锐的批评者爱因斯坦、量子论的坚定守护者玻尔、矩阵力学的奠基者海森堡、波动力学的创建者薛定谔、确定性世界的终结者玻恩、量子本体论解释的倡导者玻姆，以及量子场论的开拓者狄拉克在构筑量子理论大厦的过程中所做出的重要科学贡献和所走过的心路历程，剖析他们在新旧观念的冲击下就量子力学基本问题展开的争论，并由此透视物理、数学与哲学之间的相互促进关系。

《万物一弦：漫漫统一路》系统地概述了至今无法得到实验证实，但却令物理学家情有独钟并依旧深耕不辍的弦论产生与发展过程、基本理论。内容涵盖对量子场论发展史的简要追溯，对引力之谜的系统揭示，对标准模型的建立、两次弦论革命、弦的运动规则、多维空间维度、对偶性、黑洞信息悖论、佩奇曲线等前沿内容的通俗阐述等。弦论诞生于20世纪60年代，不仅解决了黑洞物理、宇宙学等领域的部分问题，启发了物理学家的思维，还促进了数学在某些方面的研究和发展，是目前被物理学家公认为有可能统一万物的理论。

《极寒之地：探索肉眼可见的宏观量子效应》一书通过对爱因斯坦与玻尔之争、贝尔不等式的实验检验、实数量子力学和复数量子力学之争、量子达尔文主义等问题的阐述，揭示了物理学家在量子物理世界如何过渡到宏观经典世界这个重要问题上展开的争论与探索；通过对玻色－爱因斯坦凝聚态、超流、超导等现象的描述，阐明了在极度寒冷的环境下所呈现出的宏观量子效应，确立了微观与宏观并非泾渭分明的观点；展望了由量子效应发展起来的量子科技将会突破传统科技发展的瓶颈和赋能未来的发展前景。

《量子比特：一场改变世界观的信息革命》一书基于对“何为信息”问题的简要回答，追溯了经典信息学中对信息的处理和传递（或者说，计算和通信技术）的发展历程，剖析了当代信息科学与技术在向微观领域延伸时将会不可避免地遇到发展瓶颈的原因所在，揭示了用量子比特描述信息时所具有的独特优势，阐述了量子保密通信、量子密码、量子隐形传态等目前最为先进的量子信息技术的基本原理和发展概况。

《量子计算：智能社会的算力引擎》一书立足量子力学革命和量子信息技术革命、人工智能的发展，揭示了计算和人类社会生产力发展、思维观念变革之间的密切关系，以及当前人工智能发展的瓶颈；分析了两次量子革命对推动人类算力跃迁上新台阶的重大意义；阐释了何为量子、量子计算以及量子计算优越性等概念问题，描述了量子算法和量子计算机的物理实现及其研究进展；展望了量子计算、量子芯片等技术在量子人工智能时代的应用前景和实践价值。

概而言之，量子科技的发展，既不是时势造英雄，也不是英雄造时势，而是时势和英雄之间的相互成就。我们从侧重于如何理解量子理论的三部书中不难看出，不仅量子论的奠基者们在20世纪20年代和30年代所争论的一些严肃问题至今依然没有得到很好解答，而且随着发展的深入，科学家们又提出了值得深思的新问题。侧重概述量子技术发展的三部书反映出，近30年来，过去只是纯理论的基本原理，现在变成实践中的技术应用，这使得当代物理学家对待量子理论的态度发生了根本性变化，他们认为量子纠缠态等“量子怪物”将成为推动新技术的理论纲领，并对此展开热情的探索。由于量子科技基本原理的艰深，每本书的作者在阐述各自的主题时，为了对问题有一个清晰交代，在内容上难免有所重复，不过，这些重复恰好让读者能够从多个视域加深对量子科技的总体理解。

在本套丛书即将付梓之前，我对张树总编辑的总体策划，对各位专家作者在百忙之中的用心撰写和大力支持，对丛书责任编辑王珺的辛勤劳动，以及对“中国科协2022年科普中国创作出版扶持计划”的资助，表示诚挚的感谢。

2023年2月22日于上海

· Contents ·

引言：
理论物理何处去

人们都说，物理学是以实验为基础的科学。如果一个物理理论长久不能被实验证实，还有继续研究的必要吗？如今，理论物理的顶峰——弦论，似乎就属于这种理论。从 20 世纪 60 年代弦论诞生以来，它吸引了许多最优秀的数学、物理高才生，耗尽了多少年轻科学家的宝贵光阴甚至整个人生，至今已经过去半个多世纪，但弦论学家们仍然无法提出任何目前能够直接被实验或观测验证的预言，原因是因为它所预言的对象需要的能量太大了，是现有（也许将来一段不短的时期）的粒子对撞机实验完全无法实现的能量级别。因而，弦论的实验验证遥遥无期。这种状况引发学界激烈的争论：弦论是“真正的科学”吗？继续研究它有何意义呢？

然而，弦论之美耀人眼目，不敷于表而摄于内，使理论物理学家们对其情有独钟，难以割舍，几十年如一日，仍然在这个领域中继续耕耘探索。

仔细推敲一下，发现弦论几十年研究的功劳也不算小，不仅解决了黑洞物理、宇宙学等领域的部分问题，还启发了物理学家的思维，甚至原来看起来似乎毫不相关的凝聚态物理，也能用上不少从弦论研究得到的方法和思想。弦论对数学家的影响更是毋庸置疑，它大大促进了数学某些方面的研究和发展。此外，弦论对科学思想、哲学等也颇有贡献。况且，在科学史上，即使是错误也能带给人反思和启发。无论如何，弦论是目前唯一被理论物理界认为有可能统一万物的理论。

弦论在思想方法上有不少可取之处。之前的物理，最终是将万物之本归结为某些“点状粒子”，而弦论则认为宇宙中最基本的，也许不是“点”，而是更为深层次的“弦”。后来，又干脆扩展到任何维数的 p 维“膜”，这本身就是思维方法上的一个飞跃，值得各领域借鉴。

此外，弦论中发现的“对偶性”（duality），将两个看似毫无关系的几何对象或理论模型联系在一起，从而启发产生了科学研究中的新思想。

物理理论和实验

弦论研究让我们思考：物理理论从何而来？这好像是个不成问题的问题，多数人的回答是，当然来自实验数据。这是物理界公认的事实，也基本正确。人类认识从实践始，再回到实践。发展初期的自然科学，也是首先始于观察和实验。以标准模型为例，如当年盖尔曼的八正法，直到夸克模型，便是为了解释大量强子实验数据而做出的假设。理论一旦建立起来，又需要被更多的实验所证实。标准模型作为一个成功的粒子物理理论，就是因为到目前为止，几乎所有对引力之外三种力的实验结果，都符合这套理论的预测。

不过，事情也有例外，爱因斯坦的广义相对论，当初就并不是为了解决任何实验而建立的，反之，它是人类思想的胜利，是爱因斯坦遵循哲学观念（相对性原理）及逻辑推理，凭着创造性的直觉和猜测而得来的纯粹理性思维的杰作。如今，理性思维产生的广义相对论，已被多项实验以及天文观测数据证实，几年前人类第一次探测到的引力波，再一次证明了这个理论的正确性。那么，弦论是否也会有这么一天呢？

事实上，如今的物理学，已经越来越变成了理论领先于实验的学科。理论可以独立发展，理论可以预言暂时未观察到的事物，理论甚至还可以创造出新的理论。例如，根据 18 世纪发展起来的最小作用量原理，只须找到合适的拉格朗日作用量，就能得出物理定律。经典物理中的分析力学便是这样建立起来的，量子物理更是将此方法应用推广到了极致。此外，数学家诺特有关对称和守恒的原理也为纯粹从理论预言新的物理规律提供了思路。

因此，评判一个物理理论可以有一系列标准，除了实验这一条之外，还有所谓的理论美：简单、连贯、一致、优雅等等。因此，即使未被实验验证，杰出的科学思想也或许有很大的价值。

虽然弦论最早是来源于对强相互作用的研究（见《弦论简史》），但后来却是完全靠数学思想和自身逻辑发展成了一个宏大而优雅的理论体系。也许迟早将会有实验或观测结果证明弦论的正确，正如一位弦论学者（Schwarz）所言：

“弦论作为一个数学结构实在太美妙，不可能跟大自然毫不相干！”

物理理论与数学

数学物理早期是一家，分家后各自发展。数学的发展方向包括纯数学和应用数学，与物理相关的主要是应用数学，并且其作用大多数是为了计算。

物理和数学相互促进最早的例子应该是牛顿为了研究运动学而创立的微积分。之后便是刚才提及的变分法和分析力学。爱因斯坦用黎曼几何完整地解读了广义相对论的美妙，之后，广义相对论又反哺数学，促进了整体微分几何及流形理论等领域的发展。到了量子场论时期，这种例子越来越多了，场论的研究除了影响应用数学之外，也涉及许多纯数学领域。例如，杨 – 米尔斯的非阿贝尔规范场论，在数学上是一个非常活跃的研究领域，它产生了西蒙·唐纳森（Simon Donaldson）的工作，促进了 Donaldson theory（数学中的规范场论）的发展，推动了数学家研究在 4 维流形上可微结构的不变量，解决 4 维流形分类的问题。杨 – 米尔斯理论相关的另一个数学问题“存在性与质量间隙”，被列入 Clay 数学研究所的“千年奖问题”之一，这个问题至今未被解决，千年奖问题中唯一被破解了的是“庞加莱猜想”。该问题 2006 年确认由俄罗斯数学家格里戈里·佩雷尔曼完成最终证明，他也因此在同年获得菲尔兹奖，但并未现身领奖。佩雷尔曼的证明文章中，用到了热力学和统计物理中“熵”的概念。

弦论研究中物理与数学的互动不胜枚举，物理的直觉灵感推动数学前进，数学则为弦论提供了一个非常重要的检验平台。尽管弦论目前还难以被物理实验证明是正确的还是错误的，但由弦论所激发的数学却是正确而漂亮的，这点给予弦论一种间接的验证。

本书初衷及结构简介

理论物理将走向何方？它不一定仅仅以弦论作为未来的方向，但它必定将不断地完善其结构，追求自洽，提出预言，且等待实验的验证。其实，这仍然是历来的理论发展都经历过的循环，不过时间长短不一而已。虽然现代理论物理使用越来越多的数学，但仍然有丰富的物理思想闪现其中，从本书以极少的数学知识介绍的弦论中，你将体会到这点。

此外，科学是一个整体，在广义范围内也包括了数学。从这个意义上来说，无论弦论是否代表了理论物理的未来，也都有必要整理总结一下它的来龙去脉和简要历史，以及这个理论框架中的某些精华的内容、闪光的思想等等，使年轻学子们能广开思路，进一步思考世界、宇宙、天地、科学之大事，探索大自然隐藏的规律，造福于人类文明。这是作者写本书的初衷。

至目前为止，弦论还不是一个完整成熟的理论，只能算是一个包含了许多想法和假设的理论框架，其中提出的问题和挑战或许多于结论。本书所介绍的“弦论”指的便是这个框架，而非某个具体的“玻色弦、超弦、M 理论”等，却可以看作是这些理论的泛称。

我们在第一篇中首先向读者介绍弦论的概貌。又因为弦论目前立于理论物理之顶端，代表了理论物理学研究的自然延续，要理解其内容不容易，所以，作为弦论的发展背景，有必要介绍量子场论、粒子物理、标准模型、广义相对论、宇宙学等诸多预备知识。量子场论和标准模型是弦论发展的基础，分别于第二篇和第三篇介绍，第四篇简介广义相对论，从宏观（宇观）的角度介绍它在宇宙学的应用，即大爆炸模型。同时也谈黑洞物理，包括黑洞热力学、霍金辐射等，这正是量子物理与引力理论相冲突之处。之后的第五、六两篇则分别介绍弦论的发展过程及基本要点，也介绍为什么弦论的空间是 25 维或 9 维的来龙去脉。第七篇介绍弦论对解决“黑洞信息悖论”的贡献。

因为在一定程度上弦论更像是一个理论框架，且其所涉及的数学知识广泛而艰深。因此，本书中真正弦论部分尚不完整，只是点到为止。比较而言，作者对量子场论、广义相对论、标准模型等领域着墨颇多。读者不妨将本书当成物理如何走向漫长统一之路的科普书来阅读。此外，从物理知识的角度看，也难得有如此多的各方面物理理论介绍集于一册，这样有利于扩大读者的科学知识面，起到其他单本科普读物难以企及的作用。

理论物理和弦论用到很多数学概念，因此，作者将一些起码的数学知识集中于附录中。

书中涉及的专业术语众多，作者整理汇集了一个“名词索引及解释”，最后，也列出了主要的参考文献，以方便读者理解和查询。

第一章

弦论概貌

XIANLUN GAIMAO

“转轴拨弦三两声”—— 唐代　白居易

弦论的基本假设是什么？在弦论描述下的宇宙图景如何？与其他物理理论描述的情景有哪些不同之处？它企图解决什么问题，要达到何种目的？此外，弦论美于何处？因此，我们在本篇中，首先简要地描述这个理论的概貌。

一、宇宙交响曲

探索万物之本源，是物理学的初衷。目前为止，学界公认的“本源”理论是粒子物理中的标准模型。这个理论用 61 种基本粒子，统一了所有物质和除了引力以外的（电磁、强、弱）三种相互作用。所谓“基本粒子”，使用的是点粒子图像。就是说，万物之本是没有大小尺寸的一个一个的“点”。

◎图 1-1-1　宇宙交响曲

不同于点粒子模型，弦论认为构成万物的是一条一条的“弦”。弦构成了一切，也构成了标准模型的“点”粒子。

弦的基本形态有闭弦和开弦，闭弦如同橡皮圈，开弦就是剪断了的开口橡皮圈。如同乐器上的琴弦一样，两种橡皮圈都可以有不同的大小，也有很多种振动模式：各种横向和纵向的振动模式。弦论学家们认为，正是这些不同的模式，形成了我们能观察到的各种不同的基本粒子。例如：闭弦描述引力，开弦描述宇宙万物和其他三种力。

白居易有诗曰：“大弦嘈嘈如急雨，小弦切切如私语。”

超弦论的图像：开弦振振成万物，闭弦绕绕引力子。

琴弦或粗或细，有长有短，当我们弹拨不同乐器的弦、按不同的把位时，它们将产生不同的振动频率，包括主频和泛频，这样我们便听到了不同的声音。各种琴弦的多种振动模式，能奏出一曲美妙悦耳的音乐。弦论也是如此：组成世界万物的“弦”，或长或短有开有闭，以其多种振动模式，奏出宏伟壮丽的宇宙交响曲！

换句通俗的比喻说，我们的世界是由许多橡皮圈组成的，完整的橡皮圈和剪断开口的橡皮圈。乍一听起来，这是一个奇怪的说法，也许使读者心存疑惑。

首先，读者可能会问：你说宇宙中充满了橡皮圈似的“弦”，我们怎么从没看见过这些橡皮圈呢？

这个问题容易回答，那是因为这些弦的“尺度”太小了，与被称为普朗克尺度的物理量同一个数量级。普朗克尺度包括普朗克长度 l_p（Planck length）和普朗克时间 t_p（Planck time），它们的数值分别是：

$$l_p = 1.616229 \times 10^{-35} \text{米}$$

$$t_p = 5.39116 \times 10^{-44} \text{秒}$$

凡是冠以“普朗克”的物理量，大多数都是与量子有关。普朗克长度 l_p 和时间 t_p，均与标志微观量子物理的普朗克常数 h 相关。因此，它们是非常小的数值。到底有多小呢？图 1–1–2 中列出了构成物质的基本单元之尺度大小的比较。例如，从图 1–1–2 中显示的数据可知，普朗克长度比原子的平均尺度，还要小上 25 个数量级！

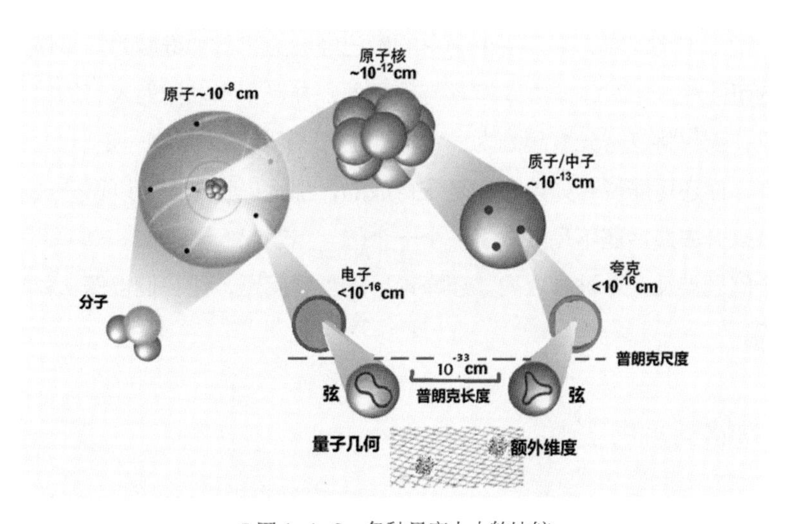

◎图 1–1–2　各种尺度大小的比较

普朗克尺度代表了现有实验手段测量的极限，它不仅可以用长度和时间来描述，也可以对应于普朗克能量 E_p，或者用爱因斯坦的质能关系式 $E=mc^2$，将能量转换成普朗克质量 m_p。它们的数值分别是：

$$E_p=1.22\times10^{19}\text{GeV}$$

$$m_p=2.17645\times10^{-8}\text{ 千克}$$

不同于长度和时间，普朗克能量 E_p 和普朗克质量 m_p 是很大的数值。虽然 m_p 的数值似乎看起来不大，那是因为我们听惯了常见宏观物体的质量。如果将其与基本粒子的质量相比较，那就很“大”了。

普朗克能量可以被认为是探测普朗克长度所需的能量，探测长度越小所需能量越大。目前的大型强子对撞机达到的能量是 14×10^3GeV，与 E_p 还相差 15 个数量级。

图 1–1–2 中标出了原子、质子、电子以及普朗克尺度大约的数量级。由图中可见：弦论中的“弦”，以及弦论空间中多余的维度，都卷曲在不可观测的普朗克长度以下。

因此，如此小尺度的弦，我们当然“看”不见，以现有实验设施的能量级别，也远远探索不到如此小的微观世界。

了解了以上这些知识，读者可能颇受启发，脑洞大开！但也可能有更多的疑问：是啊，世间万物可以不是点粒子构成的，但也不一定只是“弦”构成的啊！为什么只是弦，而不是其他形状的小东西呢，比如，圆形小薄膜、小颗粒、小方块等等。这个疑问不是问题，因为弦论学家的确已经考虑了各种维度的实体作为“基本元素”的可能性。不过，一维弦有其特殊之处，并且，本书作为入门的科普读物，简单起见，仅仅将基本元素限制为一维的“弦”，所以说：万物一弦！

此外，你还可能说：如果万物是弦构成的，那么，弦应该可以再分成更小的元素吧，分来分去最后还不是分成了一个一个的“点”吗？

这个问题涉及一个被称之为“还原论”的哲学问题，让我们慢慢从科学的历史渊源说起。

二、古希腊的万物之本

还原论的哲学思想，是古希腊就开始了的自然科学主流思想。还原论在物理学上体现为追溯万物之本，从德谟克利特的原子论构想，到现代物理中的标准模型，表面看起来都是试图回答同样一个问题：宇宙中的万物（最终）是由什么构成的？

◎图 1-2-1　什么是万物之本？

然而，随着科学技术的发展，哲学思想的内涵有了很大变化。古人说："一尺之棰，日取其半，万世不竭。"根据经典科学的概念，复杂的事物可以化简，房屋能够拆成砖块，大的物体可以分小；然后，再化简，再分小……一直深入下去。例如，人体由细胞组成，细胞由分子构成，分子又包含了原子，然后再到电子、质子和中子，一层比一层更小、更轻，也就是"更为基本"。

换言之，经典科学中溯本求源的手段是"拆"和"分"，然后再用测量来判断大小。测大小的最简单方法是用眼睛，房子大砖头小，因此房屋由砖头构成，一看便知。在实验室里则可以用显微镜观察到人体的细胞、分子、原子等等。固然，原子也不是最基本的，因为科学家们在原子的散射实验中又发现了电子和质子。

不过，再小下去就出现了问题。测量越来越困难，孰大孰小孰轻孰重，便难以判定。如此一来，也说不清谁是更基本的了。况且，"拆"和"分"的概念也失去意义。例如，分子原子等可以说成是物质一分再分而分出来的，但后来发现的许多"粒子"，却不是"分"出来的了。哪里来的呢？一是天上来的宇宙射线，二是对撞机中撞来撞去撞出来的。这两种新方法为人类提供了几百种不同的粒子，它们在撞来撞去的过程中互相"湮灭、生成、转化"，因此，难以判定谁更基本。

比如说，正电子和负电子对撞，可以湮灭而生成一对光子。你能说电子中包含了光子吗？显然不能，因为理论上，当光子能量足够时，你也可能观察到完全相反的逆过程（即两个光子对撞生成正负电子）。又如，图 1–2–2（a）显示的是β衰变，一个中子转变为质子，同时释放一个电子和一个反电中微子。图 1–2–2b 所示则是另外一种过程（$+\beta$衰变）：一个质子转变成中子，同时释放一个正电子和一个电中微子。诸如此类的“粒子”转换过程，不好用经典说法中的“分”来理解，也不能得出“谁组成谁”的结论。也就是说，到了比原子还更小的层次，我们最好将图像和理论理解成是为了描述的方便而已，并非意味着某事物的内部就是图上画的那个样子。

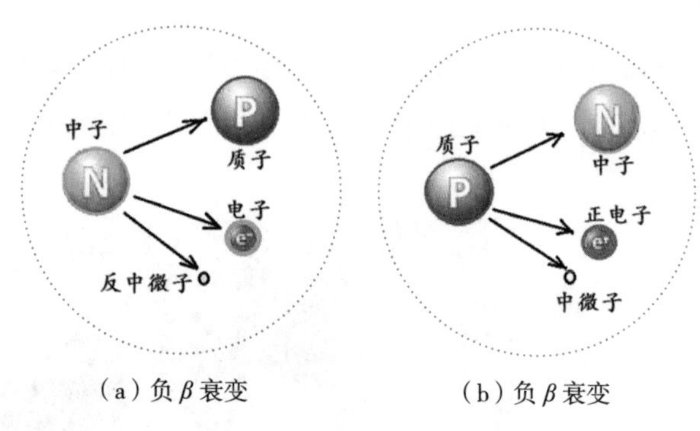

（a）负β衰变　（b）负β衰变

◎图 1–2–2　β衰变

尽管如此，物理学家仍然将几百种粒子分了类，确定了最少数目的“基本粒子”，在包括三种相互作用的标准模型中，这个数目是 61（不包括引力子），也就是说有 61 种点状粒子。弦论中的基本元素则是一段“弦”，也可以说，弦是比我们认识的“粒子”更深一层的结构。

然而，无论是点，还是弦，都只是对所谓“万物之本”的某种数学描述。从数学的角度看是很重要的，因为能够从这些模型，推导出物质遵循的自然规律。但数学描述有别于物理形态，在普朗克尺度表征的极小的微观世界中，所谓“基本”和“不基本”只是某种惯用的说法，不必机械地理解为谁包含谁，也不必过分追究这些基本实体的真实模样，因为对当前的技术来说，那是没有意义的。

换言之，标准模型中的粒子是否真的是一个点呢？答案是不知道。因为我们“看”不清楚它的详细情况而把它们当成是点，用“点”的数学模型来计算它。弦论学家们则说：既然看不清内部，那我们就假设它们的内部是“弦”（或者还有别的什么），这些弦具有各种不同的模式，用不同的模式对多维（例如，有一种弦论中为 10 维）时空中的弦进行计算，也许可以解释现有理论中点粒子的各种属性。

即便某一天，实验能够“看”到普朗克尺度以下微观世界的详细情形，那时候，也许证实了弦论的猜想，也有可能否定了弦论，但物理理论可能早已经改头换面，一切都有新的解释了。

这就是物理学，这就是科学！

三、卷缩隐藏的维度

弦论与粒子物理理论中标准模型的另一个重要区别，是对空间的描述。

众所周知，我们生活在一个 3 维空间中。如果再加上时间算 1 维，也可以说，我们的世界是一个 4 维时空。用更为通俗直观的话来说，就是任何发生的事件，需要用四个数值来表示。

例如，新闻报道说："北京时间 2021 年 1 月 15 日 20 时 32 分在北纬 38.43 度、东经 97.35 度、深度 9 千米处发生地震。"这儿的"北纬、东经、深度、时间"四个数值，便标志了地震发生的一个 4 维时空点。

然而，在弦论中，却认为宇宙时空是 10 维（或 11 维）的。注意，实际上有好几种不同的弦论，以后的章节中会稍加介绍，我们暂且用 10 维时空这一种。也就是说，除了 1 维时间之外，空间是 9 维的。这是怎么一回事呢？应该到哪儿去找这多出来的六个空间维度？

在日常生活中，我们只能感受到 3 维空间和 1 维时间，却从未观察到多余的"额外维度"。弦论学家们对此的解释是：因为那六个额外的维度被"卷缩"起来并且"隐藏"在了一个非常小的尺度中，或者说，这些空间是"紧致化"的。弦论中的"弦"，以及空间多余的维度，都卷缩在不可观测的普朗克长度以下。

例如，在图 1-3-1 中，我们眼中的电缆线是 1 维的，但在蚂蚁的眼睛中，那根电缆线却是 2 维的，在我们看到的 1 维电缆上的每一个点，蚂蚁都看见一个额外的"小圈"，因此多了 1 维。

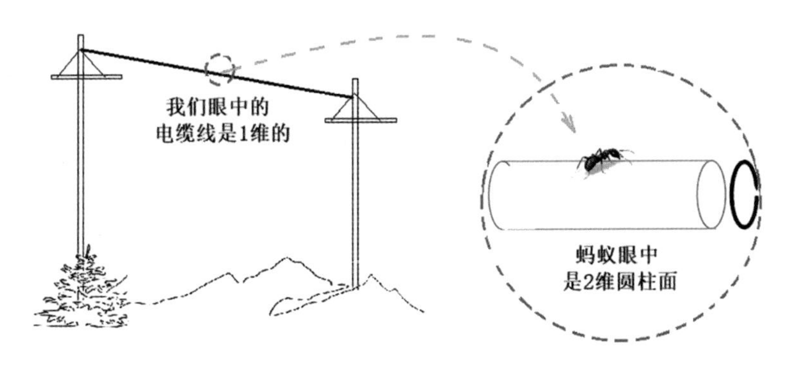

◎图 1-3-1　隐藏着的额外 1 维空间（圆）

在非常微小的普朗克尺度（或以下），通常的物理定律包括现有的量子力学及粒子物理标准模型等，都已经基本失效。引力开始展现量子效应，甚至于我们传统上对时间、空间的概念也可能会全盘瓦解。

实际上，我们并不清楚在小于普朗克长度距离范围内的物理规律，因为我们无法使用现有的技术在那儿做出任何准确测量。

换言之，对小于普朗克长度范围内物理系统的情况和状态，实验和测量无能为力，科学家们只能发挥极大的想象力来进行大胆的假设和猜测。尽管这样的假设和猜测无法在普朗克长度范围之内被直接观察和验证，但可以以此建立适应更大外围空间（普朗克尺度之外）的物理理论。这些理论有可能解决现有理论尚未解决的问题，并且可以（间接地）被实验证实或证伪。弦论便是如此应运而生的一种理论，而以上所描述的“卷缩隐藏的维度”，便是弦论学家们所作的基本假设和猜测之一。这也就是为什么即使无法用实验验证，物理学家们仍然孜孜不倦地努力研究弦论，因为他们期待用这个深层模型，能够克服标准模型和其他量子理论的困难，解决这些物理理论不能解决的问题，将万物统一到一个单一的理论框架中。事实上，这个目标已经达到了一部分，弦论是迄今为止最有希望统一所有相互作用和粒子的物理理论。

1. 历史：5 维时空统一模型

在物理学中引进额外的空间维度，并非从弦论开始，早在 1921 年就有人试验过了。

爱因斯坦的广义相对论将引力场几何化后，一位德国数学家西奥多·卡鲁扎，企图将电磁作用也几何化，在 4 维时空的基础上加上了额外的第 5 维，以此来容纳与电磁场有关的变量，达到电磁和引力的统一。

根据卡鲁扎的想法，可以将广义相对论使用的 4 维时空，加上一个额外的空间维，这 1 维代表电磁场，应该与电荷 q，或电磁势 A 有关系，其中还包括了一个额外的标量场 φ，这个标量场所对应的粒子被卡鲁扎称之为“radion”，见图 1–3–2。

根据这个 5 维时空的构想，卡鲁扎可以得到好几组方程式，其中包括等价于爱因斯坦场方程的一组、等价于麦克斯韦方程组的一组，以及关于标量场 φ 的方程。后来，瑞典物理学家奥斯卡·克莱因又将此理论纳入量子力学，由此建立了卡鲁扎 – 克莱因理论。

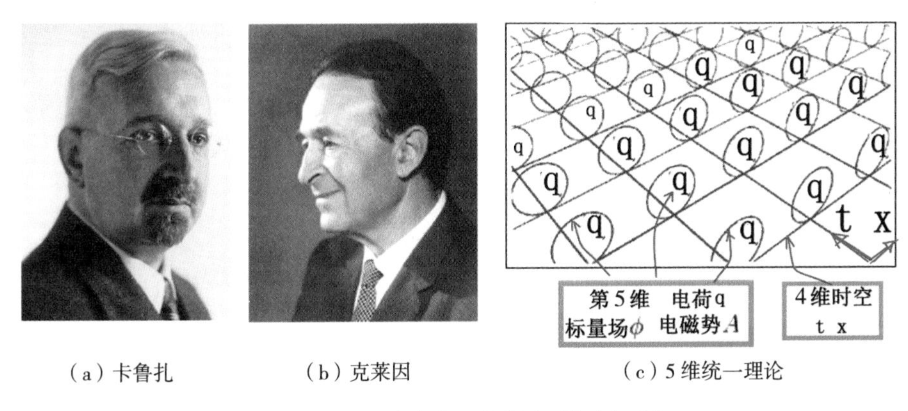

（a）卡鲁扎　（b）克莱因　（c）5维统一理论

◎图 1-3-2　卡鲁扎－克莱因 5 维时空理论

如何解释理论中的第 5 维这个额外维度？卡鲁扎和克莱因认为，我们不能看到第 5 维空间，是因为它卷曲成了一个很小的圆，这个新颖的想法开了多维空间之先河，是第一个高维宇宙的模型，影响了之后的物理学家们建立标准模型时关于额外维度的几何构想。

如图 1-3-2c 所示，第 5 维就像是在原来的 4 维时空（图中用平面的 2 维时空网格代替）中，加上了一些极小的圆圈，这些圆圈的尺寸太小时，我们就感觉不到它的存在，就像在现代的纺织机器织出的某些纤维布料中，我们看不到一些非常小的圆圈形纤维结构一样。物理学家计算出了卡鲁扎－克莱因 5 维时空中圆圈的大小，只有约为 10^{-30} 厘米的数量级。

2. 从 5 维到 10 维

类似圆圈的第 5 维可以被理解成复数平面上的旋转。实际上，电磁理论就是对应于复数平面上的旋转，这是数学家外尔后来建立的电磁场与量子化电子场相互作用的规范场的关键模型，后来又被推广到杨－米尔斯理论等。爱因斯坦当年曾经思考过卡鲁扎－克莱因理论，事实上卡鲁扎最原始的论文就是在他的支持和推荐下得以发表的。但爱因斯坦最终放弃了这个想法，没有在这条路上进一步走下去。

用上一段介绍的对 5 维模型的理解方式，同样可以理解更多维数的宇宙空间。这些多余的维度，卷曲在人们无法感觉到的维小尺度（普朗克长度）中，如图 1-3-3 所示。

当年的卡鲁扎，试图统一引力和电磁力而将时空增加到 5 维。弦论企图统一的，除了引力和电磁力之外，还有强相互作用、弱相互作用，以及构成宇宙万物的

（a）额外维度 =3

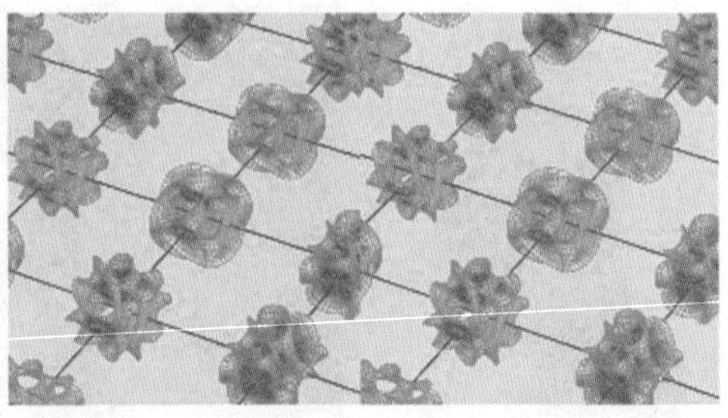

（b）额外维度 =6

◎图 1-3-3　宇宙空间的额外维度

所有基本粒子，一个额外维度显然包容不了这么多。为了满足所有的要求，使得弦论中的时空维度增加到了 10 维，即 1 维时间和 9 维空间。为什么恰恰是 10 维而不是其他数字呢？我们将在最后一篇中给予解释。

维数太高的空间是难以用直观想象的。如图 1-3-4 所示，0 维空间表示一个点，1 维是直线，2 维是面，3 维是体积。到了 4 维，还可以想象成“体积”的变动，但维数大于 4 的空间，就不那么直观了。所以我们最终不能只依赖于几何图形，必须从数学上来深入探究：什么是维数（或维度）？

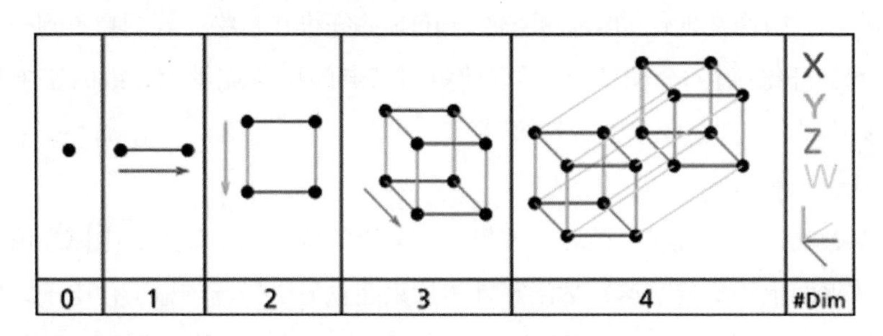

◎图 1-3-4　维数的几何表示

四、时间、空间、物质

多维空间涉及“维度是什么”的问题。

就数学而言，维数是独立参数的数目。所以，维数增加是什么意思呢？不过只是增加了表示某个事物所需要的变量数而已。从这个意义上来说，我们在日常生活中其实也经常和“高维空间”打交道。例如，要记录一个新生儿出生时的情况，仅仅四个时空数值是远远不够的，除了他的出生地点、年、月、日、时刻之外，还有体重、身长、血型、心跳快慢、呼吸次数等许多数据，这些独立参数的结合，就形成了数学上的一个多维空间，每一维都有其具体意义。

然而，弦论中除时间之外的9维空间，其意义不仅仅是数学上的，而被认为是真实的物理空间。因而，额外的多余的6维，便被解释为卷曲在一个很小的我们无法察觉到的尺度中。

事实上，什么是空间，什么是时间，它们与物质的关系如何，这是古老的问题，也是至今尚未完全解决的问题。

时间的本质，最简单的理解，是用来描述变化的量度，没有变化就没有时间。宏观上可以如此理解时间，但在微观世界中，因为量子力学的不确定性原理等因素，时间概念需要更为深入地探索。在此不表，因为我们的重点是“空间”。

对空间本质之最简单理解，也来源于变化，但是，是物质位置及形态的变化。换言之，空间是物质运动时呈现出来的某种结构属性。牛顿理论中的空间概念，是绝对的，就是被理解为是一个充满宇宙的大大的“空”架子。

后面章节中，我们会简单介绍相对论、量子场论等，这儿仅总结一下这些物理理论对牛顿时空观的冲击。

爱因斯坦的狭义相对论否定了绝对空间的概念，广义相对论进一步将空间与物质联系起来。物理学家惠勒曾经用一句话概括广义相对论：“物质告诉空间如何弯曲，空间告诉物质如何运动。”

量子场论则否定了“真空”的存在，认为真空并不是没有任何物质，而是充满了场和能量的。任何物质都有与其对应的场，比如电磁场、引力场、夸克场、电子场、希格斯场等等。这些场看不见摸不着，但都有真空涨落，虚粒子（存在时间极短的粒子）不断随机地生成或湮灭，实粒子则表现为场的激发态。此外，场与场之间相互作用，产生可观测的物理效应。

弦论中的空间概念是特殊的，尤其是额外维度的引入。弦论认为空间有两种，一种是我们感受到的展开了的3维空间，另一种是卷曲起来的6维空间，我们无法直接觉察到普朗克尺度的卷曲空间的存在，但它却影响着“弦”的运动规律，从而影响到基本粒子的状态。还是那句话：也许有一天，我们有可能间接地验证到卷曲空间的存在。

五、物理的本质

格物致知，穷其理也。

有人称物理是“万物理论”，有一定的道理。虽然现代科学的名目繁多，五花八门，物理已经越来越不可能涵盖万物，但是，物理学诞生之初，也就是现代科学诞生之初，其宗旨就是要寻求万物运行的规律。

物理学从一开始，就是想要寻求一些简单的理论和方程，来解释宇宙中出现的各种奇妙现象。在物理理论进展的过程中，不管理论模型的名字是否冠以“统一”二字，总的来说，都是达到了某种统一的目的。统一是一种美，统一后的简化也是一种美，科学家们出于对美的追求，希望用一个更和谐、更统一、更完美的理论来解释万物。人类对美学的追求，只是出于一个无法证实或证伪的坚定的信念。统一也不是追求所谓的“终极理论”。科学无止境，不存在一劳永逸的终极理论。但我们可以说，统一并非终极，而是一个不断探索无限逼近的过程。

牛顿的万有引力定律统一了天上和地下，即证实了：主宰天体间运行的力和地上使苹果下落的力，是同样的一种力。牛顿的三大运动定律统一了所有具有质量的物体在外力作用下的运动规律。麦克斯韦的电磁场理论，统一了电和磁，也统一了光波和电磁波。狭义相对论统一了时间和空间，广义相对论统一了引力、物质，及时空几何。

物质之间（包括宏观和微观）仅存在四种相互作用力：万有引力、电磁力、强相互作用力、弱相互作用力。粒子物理中的标准模型，统一了除引力之外的三种相互作用以及构成所有实体物质的基本元素。

那么，人们自然需要一种比标准模型更进一步，能够将引力作用加进去的统一理论。如此一来，弦论便应运而生了。

六、爱因斯坦之梦

终极理论难寻觅，大师也做统一梦。

爱因斯坦将其生命的最后几十年，贡献给了他企图建立的大一统理论，但并未得到他希望的结果。

如今的弦论，与爱因斯坦的统一梦，在方法上全无共同点，但目的却是基本一致的，就是要解决广义相对论与量子力学之间的矛盾。

广义相对论和量子力学是现代物理的两大理论支柱。它们都在各自相关的领域得到了实验或观察的多次验证，可以说获得了巨大的成功：广义相对论在解释宏大的宇宙演化及天体运动时，呼风唤雨，长袖善舞；量子力学应用于微观世界中，得心应手，独占鳌头。

然而，当两个理论碰撞到一起，却表现得水火不相容，像是你死我活之争，似乎不可能同时正确。广义相对论描述的时空图景，平滑稳妥、大气磅礴；而量子力学的世界中，由于有一个不确定性原理，在狭小的时空范围内的位置和动量，或时间和能量，因为互相制约而此起彼伏、大起大落，与大范围的平滑时空形成鲜明的对比。

一般而言问题也不大，就像武侠小说中的两路神仙，各司其职互不干扰，大家可以相安无事。科学理论也是如此：宇观世界中使用相对论不谈量子，而在微观世界中，粒子间的引力作用很小，广义相对论效应可以忽略不计。

但两个理论总有狭路相逢之时。典型的例子就是黑洞的量子解释，以及宇宙大爆炸模型中大爆炸开始之时。

因此，试图将物理的两个基础理论统一起来，是爱因斯坦最后的愿望，之后也发展成为弦论研究的目的。

量子物理可以被粗略地分为量子力学及量子场论，前者主要考虑个别粒子的量子行为；后者是将量子概念推广到整个空间，认为空间中充满了各种“场”，而粒子不过是场之波动而激发的涟漪。下一篇中，我们首先简述量子现象的主要特征，然后，以“史话”的方式介绍量子场论。有关量子力学史话的科普读物很多，作者也出版过一本，因此在本书中不再赘述，而仅仅叙述与量子场论发展相关的，大多数是二战前几年以及二战之后的，与量子物理有关的人物及历史过程。

第二章

场论史话

CHANGLUN SHIHUA

"真空空不空，真色色非色。"—— 唐代　吕岩经典物理之后的两场革命，量子和相对论，缔造了近代物理的新篇章。它们各自在微观和宏观领域被验证，但两者碰到一起需要同时应用（例如黑洞）时，却如同水火不相容。将两者和谐统一在一起，是弦论的目标之一。为了理解弦论，我们将首先介绍这两个领域的基本概念。

一、从经典到量子

如果将物理学研究对象的尺度范围分为宏观、微观、宇观的话，经典物理、量子理论、相对论（包括狭义和广义）便可分别看作是对这三个范围最适合的理论。经典物理包括以牛顿为代表的经典力学和麦克斯韦的经典电磁理论，它们所描述的宏观物理直接与我们的日常生活相关，因而其现象最容易被人们接受和理解。而微观世界的量子现象最易使人迷惑。

1. 量子简述

1900 年，普朗克（Planck，1858—1947）为解决黑体辐射问题而提出了量子概念，之后，爱因斯坦（Einstein，1879—1955）用“光量子”解释光电效应，波尔（David Bohr，1885—1962）提出半经典的原子模型，德布罗意（de Broglie，1892—1987）引进物质波的假设。这些理论到如今已有一百多年的历史。量子力学可以说已经是一门非常成功的物理理论。它曾经直接奠定了原子弹、核技术、半导体工业等的物理基础，如今又在量子计算、信息加密等现代高科技领域大显身手。

量子的最基本概念是能量、动量等物理量的离散化（量子化），也就是说，它们不是连续变化而是跳跃式的，是一份一份不连续的变量。由此而解释了若干经典物理不能解释的物理效应，也产生了许多令人迷惑的现象。量子力学比量子场论更简单，主要考虑单个粒子的量子行为。其中，奇妙的量子现象有哪些呢？我们在此举例如下。这儿只简介概念，详情请参阅作者另一本科普著作。

波函数：经典力学的解是粒子运动的一条固定轨道，而量子力学中电子的运动解是遍布空间的波函数，波函数的平方表示粒子在该点出现的概率。

叠加态：或称量子态，量子系统通常所处的状态，即人们通常说的“薛定谔的猫”，既是死又是活，是两者按一定概率的叠加。

不确定性原理：电子的位置 x 与动量 p（或时间与能量等）不可能同时具有确定的值。位置的不确定性越小，动量的不确定性就越大，反之亦然。由此原理，有 x 与 p 的不确定性关系：$\Delta x\Delta p \geqslant ih$。不确定性关系又与两个变量的对易关系有关，一般用方括号表示两个物理量之间的对易关系。

$[a, b]=ab-ba$，等于零表示 a、b 可对易，不等于零表示 a、b 不可对易。对于位置 x 与动量 p，$[x, p]=h$，不对易。因此，量子物理中有时候也用变量的对易关系来代表它们之间的不确定性关系。

自旋：微观粒子的自旋，纯粹是一个量子理论中才有的特有概念，没有经典对应物。尽管人们经常将自旋类比于经典物理中的自转（比如地球），但这种比喻只在一定程度上可用。或者说，自旋是微观粒子的内禀属性，不能用经典转动的图景来解释。除此之外，电子自旋还有好些不符合经典规律的量子特征。

最特别的是数值为 1/2 的电子自旋。自旋角动量是量子化的，无论你从哪个角度来观察电子自旋，你都可能得到，也只能得到两个数值中的一个：1/2，或 −1/2，也就是所谓的“上”或“下”。

我们将自旋的“上、下”两种状态叫作自旋的本征态。而大多数时候，电子是处于两种状态并存的叠加态中。

费米子和玻色子：自旋为整数是玻色子，半整数是费米子。多个玻色子可以占据同一能级，每个费米子须占据一个能级。

波粒二象：经典物理中，粒子和波是两种完全不同的物理现象，但在量子论中，波粒二象性是所有微观粒子的基本属性，无论是原子、电子，还是光，都既是粒子又是波。

量子纠缠：缘起爱因斯坦等三人于 1935 年提出的 EPR 佯谬。之后，被薛定谔正名为量子纠缠。量子纠缠所描述的，是两个电子量子态之间，即使互相远离也仍然存在的高度关联。这种关联是经典粒子对没有的，是仅发生于量子系统的独特现象。

与弦论发展密切相关的，是基于以上量子力学原理而建立的量子场论。

2. 狄拉克海

英国物理学家狄拉克（Dirac，1902—1984），是开创量子场论的先驱。

名为场论，固然与“场”有关。“场”的意思就是说遍布整个时空，即空间中每个点每个时刻，都有一个数值与之对应。

所谓“场”，是一个以时空为变数的物理量。通俗地说，就是在空间中的每个点每个时刻都给定一个值。根据这个值的属性，数学意义上便有标量场、矢量场、张量场等等，依据场在时空中每一点的值是标量、矢量还是张量而定。例如：空间中各点的温度构成一个标量场；引力场是一个矢量场；广义相对论中，弯曲时空的曲率是张量场。

除了分成标量场、矢量场、张量场之外，场还可以分为“经典场”和“量子场”。例如，一般说到“电磁场”，是指经典意义下的，而量子化之后即称为“光子场”。

场的概念最早被引进物理学，要追溯到研究电磁学的老前辈，英国物理学家迈克尔·法拉第（Michael Faraday，1791—1867）。法拉第出生于一个贫苦的铁匠家庭，只读过两年小学，自学成才，成为一名著名的科学家。法拉第对物理概念理解得特别透彻、精辟，极富创造力。他首先用场的概念，来解释电磁现象。他挑战牛顿的绝对真空和超距作用，提出“实物粒子，就是力场的中心奇点”的观念，并认为各种力——电、磁、光、引力等等，都应该可以在场的相互作用、相互转化中统一起来。

法拉第时代的“场”，是经典场，主要是指经典电磁场。后来，量子力学中薛定谔方程解出的波函数，固然也是遍布整个时空的函数，但它并不代表时空中的任何物质分布，仅仅可以被看作是概率场，也可以被看作是经典意义上一个电子的“电子场”。与量子有关的“场”的概念，是从电磁场的量子化开始的。

薛定谔方程（或矩阵力学）代表的量子力学，研究的是单个电子的运动，解出的是单个电子的波函数。即使稍后（1928 年）的狄拉克方程，考虑了相对论并包括了自旋，也仍然是描述单个电子的运动状态和能级。

狄拉克方程有许多优越性，但当时却导致了一个严重的问题：方程的解中，包括了电子可以具有能级低到 $-mc^2$ 的负能量状态。因为粒子总是企图占据能量最小的状态，所以，根据狄拉克的理论，世界上所有的电子都能通过辐射光子而跃迁到能量值为 $-mc^2$ 的最低能级。狄拉克由此推算出在这种情形下整个宇宙会在一百亿分之一秒内毁灭！这是一个貌似致命的问题，因为事实并不如此。最后，狄拉克发挥他天才的想象能力，克服了这一困难。狄拉克解释说，电子不会跃迁到负能级，因为所有的负能级都已经被电子占据了。电子作为费米子受到泡利不相容原理的约束，不会都挤在最低能态，而是逐层地填充所有的态。也就是说，我们所谓的真空，已经填满了（看不见的）负能量的电子。见图 2-1-1。

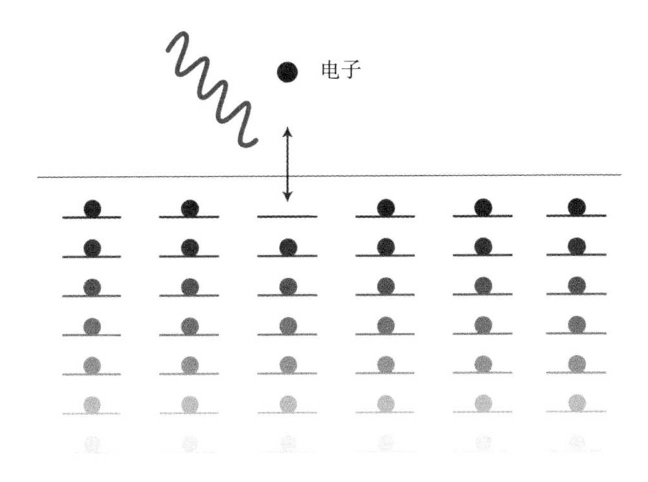

◎图 2-1-1　充满了负能量电子的狄拉克海（图片来自网络）

这个被后人称为“狄拉克海”的真空场，是不是永远固定不变动呢？狄拉克认为也不是。狄拉克海也许像真实的海洋一样，在不停地波动，其结果会使得偶尔在其中出现一两个空穴。这些空穴如果被我们探测到，应该是带有与电子电荷值相等的正电荷。这是些什么粒子呢？狄拉克也不知道。到了 1932 年，卡尔・安德森用宇宙射线实验证实了这种被称为正电子的粒子的存在，狄拉克的预言开启了“反物质”的大门，狄拉克海的概念，也可以算是“场”模型的前身。

3. 费曼和狄拉克

第一个被建立的量子场论，叫作量子电动力学，也就是 QED（Quantum Electrodynamics）。在建立 QED 的历史中，除了狄拉克，还有另一位天才人物，美国科学家理查德・费曼（Richard Feynman，1918—1988）。费曼对量子物理的最大贡献当属他的从经典最小作用量原理，延拓应用到量子力学和量子场论的“路径积分表达”，以及之后延伸到解决量子电动力学的问题和发明费曼图。路径积分的想法从他在惠勒指导下读博时的博士论文开始，后因二战而中断，到 1948 年才最后完成。

费曼 1918 年生于纽约一个犹太人家庭，是量子力学史上鼎鼎有名的科学顽童，是一位在科学界之外最广为现代人所知的物理学家。他对物理学及科技界有多方面的贡献，包括提出量子计算机的设想，以及用简单的物理方法为一次航天事故

“破案”等等。

费曼将最小作用量原理应用到量子力学，提出费曼路径积分的概念，这是对量子论一种完全崭新的理解，并且也开辟了一条从量子通往经典的途径。

高中时代的费曼第一次听他的老师巴德给他讲到最小作用量原理，便为它的新颖和美妙所震撼。这种感受一直潜藏在费曼脑海深处，之后转化成一支“神来之笔”，使他在量子理论中勾画出路径积分以及费曼图这种天才的神思妙想。

作为一个大学本科生，费曼在 MIT（麻省理工学院，简称麻省理工）了解到量子电动力学面临着无穷大的困难。费曼立下雄心大志：首先要解决经典电动力学的发散困难，然后将它量子化，从而获得一个令人满意的量子电动力学理论。费曼凭直觉把这个无穷大的原因归结为两点：一是因为电子不能自己对自己产生作用；二是来源于场的无穷多个自由度。当费曼到达普林斯顿大学成为约翰·惠勒（John Wheeler，1911—2008）的学生之后，他将自己的想法告诉惠勒。惠勒比费曼大 7 岁，是玻尔和爱因斯坦两位名师手下的高徒，对物理学的理解显然比当时的费曼更胜一筹。惠勒当即指出费曼想法中几个错误所在，但也保留了这个年轻人想法中的某些精华部分。在惠勒的指导和帮助下，费曼兴致勃勃地开始了他的博士研究课题。不久之后，两位首先合作发表论文，解决了经典电动力学中的无穷大问题。

然而，费曼始终没有忘记中学时听到最小作用量原理时给他带来的震撼，总想将其引入量子力学，但屡试屡败无进展。不想在一次酒店聚会上（大约是二战时

◎图 2-1-2　狄拉克和费曼

期，1941 年左右），偶遇一位到普林斯顿访问的欧洲学者耶勒（Herber Jehle），费曼问他是否知道有谁在量子力学中引进过作用量的概念，那位学者说："有啊，狄拉克就做过！"

这时，费曼才知道狄拉克在 1933 年（距当时好几年前）的一篇文章中就已经做过类似的工作。于是，费曼急不可耐地去图书馆找来了那篇文章，理解并发展了狄拉克的想法，几年来的冥思苦想终于在狄拉克文章的启发下得到了答案。之后，在此基础上，费曼进而提出了与最小作用量原理相关的量子力学路径积分法。

费曼被公众知晓的原因之一是因为他那几本颇为精彩的、描写他自己人生趣事的自传性小册子:《别闹了，费曼先生》和《你干吗在乎别人怎么想》等等。不同于一般人眼中理论物理学家的严谨刻板形象，费曼是个充满传奇故事的科学顽童，是智慧超凡的科学鬼才！他是物理学家，也是邦戈鼓手；是开保险箱的专家，又是一位卖掉过自己绘画作品的业余画家！

费曼比狄拉克要小 18 岁，两人有许多共同之处：都是天才型的人物，对科学具有非凡的好奇心和求知欲，为物理学贡献终生。但在生活情趣和个性特点上，两位大师又是迥然不同。狄拉克孤僻内向、处世淡然；费曼活泼好动、热情似火。

当狄拉克参与创建量子力学时（1927—1928），费曼还是纽约皇后区的一名顽皮少年。尽管费曼上中学时被老师讲授的"最小作用量原理"震惊而开始思考大自然的奇妙规律，但他尚未知晓任何量子理论。不过，当费曼从哥伦比亚大学毕业，成为普林斯顿的研究生后，狄拉克便成为他崇拜的偶像。狄拉克 1984 年于 82 岁高龄在美国去世，两年后，费曼应邀为狄拉克做了三次纪念演讲中的一次。他做了一个题为"基本粒子和物理定律"的讲座，他如此开讲：

"我年轻时，狄拉克是我心目中的偶像。他开创一种做物理的新方法。他猜测出一个简单的方程，即我们现在称之为狄拉克方程的形式，然后，狄拉克试图解释它……"

狄拉克海以及空穴的思想，就动力学真空而言，是惊人的创新概念。实际上，只要同时运用量子力学和狭义相对论，就会有每一个粒子必须有一个相应的反粒子的结论，其中也包括正反粒子相同的情况，例如光子。另一个关于相对论的描述来自克莱因 – 高登方程，也有同样的问题。

狄拉克的空穴理论的应用有一定限度，并且从现在已经成熟的量子场论的观点看来，它是过时的，在一定的意义上，也可以说是错误的。即使在当年，狄拉克理论也显然表现出它的不足之处。狄拉克海的理论可以解释电子，预言正电子，其原因之一是因为电子是费米子，遵从泡利不相容原理，两个电子不能同时占据同样的状态。对玻色子，这点就不适用了，无法将其推广来说明玻色子的反粒子。

总之，当时的（单电子）量子力学理论，包括薛定谔方程和狄拉克方程，有一些无法克服的困难。实际上，狄拉克海概念的引入就已经暗示着一个完整的量子理论不能只考虑一个粒子，必须考虑多粒子绘景。量子论必须引进某种比狄拉克海更合适的观念，才能彻底解决问题。

狄拉克为解释他的方程而启迪人们有了“量子场论”思想的萌芽，费曼继续着狄拉克以及其他一些物理前辈的工作，在量子电动力学及之后的量子场论的发展中，做出了重大贡献。为此，他与施温格、朝永振一郎共同获得了 1965 年的诺贝尔物理学奖。

4. 路径积分

什么叫“路径积分”呢？我们首先从牛顿力学中粒子走过的路径来理解。

经典力学最初的表达形式由牛顿给出，之后拉格朗日及哈密顿等人建立了分析力学。牛顿力学中，大多数情况下是用解微分方程的方法。即在一定的初始条件下，方程的解是粒子的空间位置随着时间而变化的一条曲线。例如，如图 2-1-3 所示，考虑按照一定的速度和角度发射出去的子弹的轨迹，是一条从发射源到目标的抛物线，即图中的红色实线。在分析力学中，一般用极值和变分法来处理力学问题。

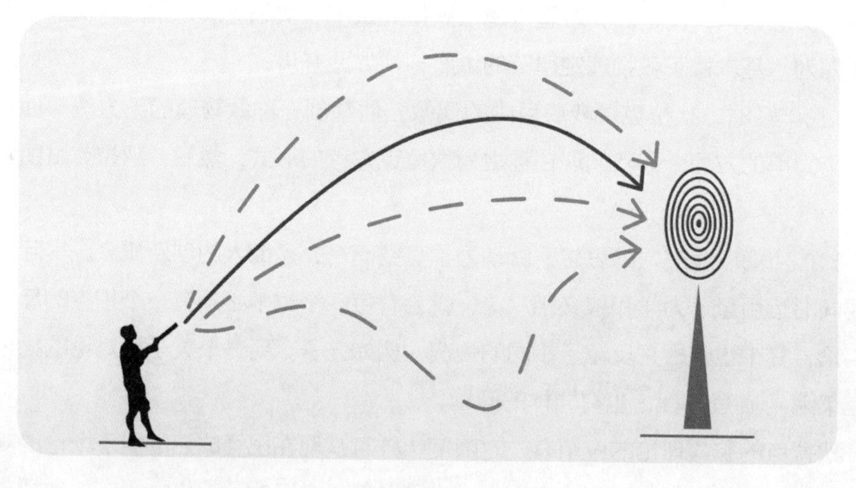

◎图 2-1-3　牛顿力学决定的经典路径（红线）

我们看到：从发射源到目标点可以有很多条路径（图 2–1–3）。为什么子弹就单单挑了那一条（红色）路径来走呢？这个问题问得奇怪，不是有牛顿定律吗？是啊，粒子路径，那条红实线，是在地球重力场中牛顿方程的解。不过，拉格朗日等分析学家们对这个问题有另外一种说法。分析力学中有一条基本的“最小作用量原理”。大自然遵循着这条奇妙的规则，表现得就像一位精明的经济师！就是说，它总是挑选作用量最小的方式行事。例如，根据最小作用量原理，可以如此理解子弹的运动：从源到目标的每一条路径，都对应于一个称为“作用量”的数值，而子弹最后选择的红色经典路径，必是作用量最小的那条路径。

费曼将这个思想用到量子理论中，说法改变了：量子力学中的电子，不像经典粒子那样，只走一条红色抛物线，而是同时走所有可能的路径。即所有的路径都对电子从始点到终点的概率有贡献。不同的路径贡献不同的概率幅（注：概率幅的平方是概率），总概率幅等于所有概率幅相加。再进一步，如果将路径积分用于量子场论的话，说法也是类似的，只是需要将电子改为“系统的量子态”，即：场论中的量子态，过渡到另一个量子态的概率幅，是所有可能路径的概率幅相加。所以，三种情形（经典、量子力学、量子场论）下的物理规律，都可以用类似的说法来表达，只不过三种理论中，作用量的表达式不一样而已。

费曼在 MIT 得知量子电动力学有无穷大的问题后，来到普林斯顿投奔到惠勒旗下读博士，如鱼得水，雄心勃勃。不过，两人刚发了一篇文章，二战便开始了。他们双双参加到原子弹研究的曼哈顿计划中，无暇再顾及这种纯理论问题。在洛萨拉莫斯，费曼以其坦诚的人格、敏锐的眼光和出色的表现，赢得了老一辈物理学家，如玻尔、贝特等人的高度赞赏；韦格纳把他誉为第二个狄拉克。那时候，年轻有为的他是大家心目中的英雄和天才，不是一般的天才，是个魔术师般的鬼才！此外，费曼又是个性情中人，他的第一任妻子艾琳在洛萨拉莫斯因病去世，费曼给她写过一封信，其中讲到他们的感情故事，催人泪下，感人至深。费曼一直珍藏着这封没有地址也无法寄出的信，直到他去世后才被开封。

大战结束之后，费曼受聘于康奈尔大学，得以再继续他对量子理论问题的探讨。几年之后，费曼在他的博士论文的基础之上，完善了作用量量子化的路径积分方法。他 1948 年在《现代物理评论》上发表的《非相对论量子力学的空—时描写》便是其划时代的代表作。几乎同时，费曼也成功地解决了量子电动力学中的重整化问题，创造出了著名的费曼图和费曼规则，近似计算粒子和光子相互作用问题。

在量子力学建立初期，可以基本上认为它有两套纲领：海森堡等人的矩阵力学和薛定谔的波动力学。但实际它们在数学上是完全等价的，仅仅从表面上看似乎分别偏向于粒子能级跃迁的解释和波动解释。之后，狄拉克将波动方程扩大到能够处理相对论粒子和自旋，使得量子力学应用起来更为完善并且开启了量子场论的发展，但仍旧属于求解波函数的“波动解释”。然而，费曼的路径积分方法却是别有一番新意，它让人们完全从另外一种角度来思考量子力学。

二、量子化

从经典过渡到量子的过程叫作量子化。图 2–2–1 上图中牛顿粒子理论到表示概率的波函数，是量子力学中（单粒子）的量子化；图 2–2–1 下图显示的是经典场（全空间）到量子场的量子化。

单粒子量子化的方式很多。从数学上来说，海森堡等人使用矩阵，薛定谔和狄拉克使用微分方程，费曼则是使用积分的、整体的观念来解释和计算量子力学。并且，路径积分的方法有一个优点：可以很方便地从量子力学扩展到量子场论。

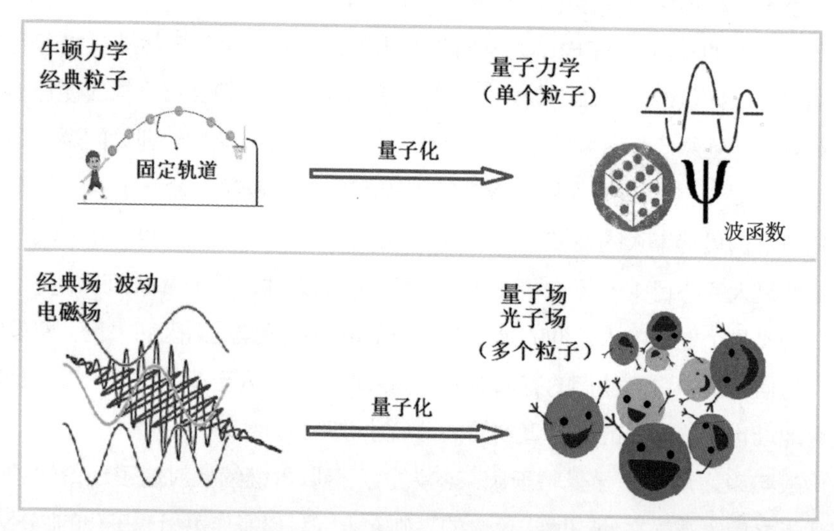

◎图 2–2–1　量子力学和量子场论中的量子化

1.“场”的量子化

“场”的量子化方式有费曼路径积分和正则量子化。路径积分的思想很容易从量子力学推广到场论，因此，我们在本书对弦论的叙述中，经常会用路径积分来解释量子化。但量子场论中大多数人采用的是正则量子化方法。

正则量子化的方法，是将电磁场想象成若干个简单振子，每个振子就如同小提琴的一小段弦。电磁场内任何一个振动模式的能量正比于场强的平方。每个振动模式都是量子化的，大小等于该模式振动频率乘以普朗克常数。

最先让量子场发挥“实际”用途的是狄拉克。狄拉克用场论计算了处于激发态原子自发释放电磁辐射跃迁到低能态的速率。其中最关键的问题是如何用量子力学来理解莫名其妙冒出来的光子。

继狄拉克之后，1928 年，约尔丹和韦格纳，1929 到 1930 年间，海森堡和泡利，以及 1929 年的费米，均发表了类似的论文。他们指出物质粒子可以理解为不同场的量子，就如光子是电磁场的量子一样。1932 年，费米应用这种思想解释了原子核 β 衰变的理论。

因此，量子场论的思想早就诞生了，几乎可以算是量子力学的孪生兄弟。或者小 1 到 2 岁吧，因为“量子电动力学”一词，第一次就是出现在狄拉克 1927 年发表的文章中。但后来量子力学突飞猛进，量子场论却多年停滞不前，其原因是因为它在发展过程中碰到了“无限大”的困难。之后，物理学家们发展了重整化的方法加以解决。

2. 粒子和场

量子场论的思维方式，就是将所有的物质都看成场，以场为本，认为粒子只是场的“激发态”，犹如水波中的涟漪。

以场为本的思想来自两方面，狄拉克海是其一。狄拉克海的假设虽然不完善，这种“真空不空”的思想却被大家接受并移植到量子场论中。人们进一步想：既然狄拉克海的解释涉及无穷多个电子，还不如一开始就考虑多电子的运动而不要只考虑单电子的运动。正电子也可以从一开始就冠冕堂皇地进入理论中，而没有必要作为真空的一个空洞而出现。

实际上，狄拉克早在发布狄拉克方程和狄拉克海之前的 1927 年，就已经使用场论的方法，成功地计算出原子的自发辐射系数。

处于低能级 E_l 的原子，受到外来光子的激励时，能吸收光子的能量，跃迁到高能级 E_h，即 $\Delta E=E_h-E_l$，这种现象叫作受激吸收（图 2-2-2a）。而受激吸收之后处于高能级的原子，也有可能辐射出光子跃迁到低能态。这种跃迁有两种方式：自发辐射和受激辐射。前者的例子如荧光等（图 2–2–2b），后者的例子如激光（图 2–2–2c）。

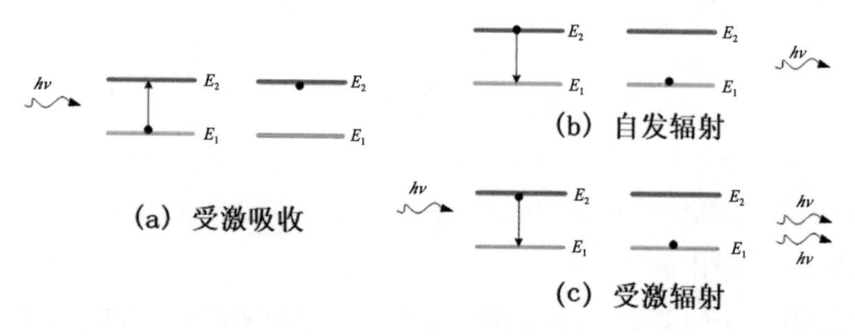

◎图 2–2–2　原子的吸收和辐射

受激辐射大致可以用量子力学粗略解释，自发辐射的解释却需要量子场论。因为根据量子力学，如果一个孤立原子处于定态（激发态），它将一直处于该态，而不会自发跃迁。孤立的电磁场也是如此，用小提琴琴弦（谐振子）来比喻，如果不存在与原子的相互作用，电磁场就像彼此隔绝小提琴琴弦的集合，该集合将永远保持不变，意味着原子将永远保持初始能态。但是，如果根据量子场论，孤立原子是不存在的，真空中存在各种场。处于激发态的原子必然与真空中电磁场发生相互作用，因而导致自发辐射。

比较量子力学，量子场论的另一个优越性是能够处理粒子数变化的情形，这也是基于同样的道理。量子力学方程解出的是单电子的波函数，电子数是固定的 1，光子数固定为零。原子中因为电子状态的跃迁而辐射光子的过程无法用经典电磁理论描述。原来系统中并没有任何电磁场存在，为什么突然就冒出几个光子来了呢？

类似的问题来自解释原子核多种放射性衰变中的 β 衰变，就像当原子失去能量时产生光子一样。β 衰变中的原子核释放出一个电子。开始人们认为原子核由质子和电子组成，然而 1931 年埃伦费斯特和奥本海默提出一个论证，原子核中并不包含电子。那么，原子核发生衰变时电子是从哪里来的呢？费米由此而提出核衰变时，中子变为质子、电子和中微子（泡利预言的）的（场论）想法，完整地解释了 β 衰变。

按照量子场论的观点，每一种基本粒子，都应该有一个与它对应的场，这些场互相渗透、作用、交汇在一起，真空被看作是各种量子场的基态，粒子则被看成是场的瞬息激发态。不同的激发态，有不同的粒子数和不同的粒子状态。不同场之间的相互作用，引起各种粒子的碰撞、生成、湮灭等过程。

总结上面所说的，物理研究中有两种类型的“场”，经典场和量子场。麦克斯韦电磁场，从薛定谔方程、狄拉克方程等解出的波函数，都算是经典场。电磁场是光子的经典场，波函数是单电子的经典场。经典场可以被量子化为量子场，即通常人们所说的“二次量子化”。电磁场被量子化后成为光子场，单个电子的波函数被量子化后成为“电子场”。电子场使得电子回归到粒子性，但描述的已经不是原来的单个电子，而是粒子数可以变动，电子及正电子不断产生和湮灭的多粒子场，类似的还有夸克场、其他基本粒子场等等。

研究这些基本粒子场之间复杂的相互作用，以及在各种相互作用下可能发生的粒子产生和湮灭的理论，便是量子场论。其中最常用的一个，研究光子与物质相互作用的，叫作量子电动力学，即 QED。

下面以电磁场的量子化为例，对经典场量子化的过程作简单介绍。

3. 电磁场的量子化

经典电磁场被看成是连续的电磁波，量子化之后成为物理量有分离本征值的各种频率的光子场。

当我们说“量子化”，意味着什么？从经典力学过渡到量子力学时，物理量用算符表示（算符指非具体数值的运算符号，读者不必害怕）。现在要从经典场过渡到量子场，也遵循这个法则。电磁场量子化的第一步，是把整个空间的电磁场，分成若干个不同位置、不同动量的谐振子。也就是说，将电场强度 E 和磁场强度 B 的电磁场（图 2–2–3a），表示为许多具有正则坐标 q_i 和正则动量 p_i 的谐振子（图 2–2–3b）。

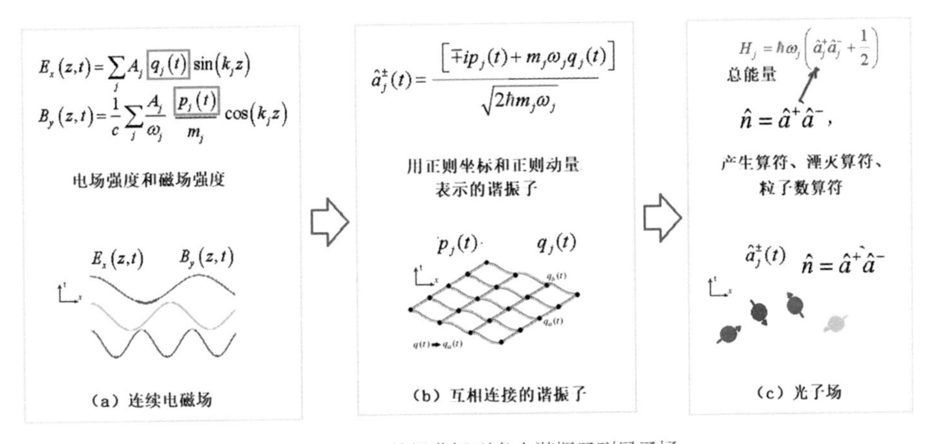

◎图 2–2–3　从经典场到多个谐振子到量子场

电磁场中的所有物理量（电场强度、磁场强度、位置、动量等），量子化后都变成算符。

从谐振子的正则坐标和正则动量，可以定义光子的产生算符 $a^{+}_{j}(t)$ 和湮灭算符 $a^{-}_{j}(t)$，（图 2–2–3c）。

产生算符和湮灭算符也是狄拉克最早使用的，来源于他在量子力学中解决谐振子势场中电子能级问题时，引进的“升降算符”，也叫阶梯算符。

有了产生算符和湮灭算符，光子（或其他粒子）可以消失或产生，量子场论才成为一个完整的理论。从量子力学中位置算符和动量算符的不确定性关系，可以得到产生算符和湮灭算符的不确定性（对易）关系如下：

$$[q,\ p]=\hbar$$

$$\left[a,\ a^{+}\right]=\frac{1}{2}(i[q,\ p]+i[p,\ q])\ =\hbar$$

最后，产生算符和湮灭算符构成光子数算符 n。使用光子数算符的表示，算符 n 的本征态 $|n>$，可以被看作是有 n 个光子的量子态，例如，$|0>$ 表示系统的基态，零个光子，或称“真空态”。

从量子场论出发，可以计算各种带电粒子与电磁场相互作用的“截面”，这儿的“截面”，即散射截面，是一个物理术语，用以度量发生相互作用的概率。例如康普顿效应、光电效应、韧致辐射、电子对产生和电子对湮没等。这些物理现象的结果都可以用微扰论方法取最低一级不为零的近似而得到。但不论是哪一种过程，当计算更高阶的近似时，会得到无限大的结果。因为这个原因，量子场论的研究停止了近二十年。

三、重整化——无穷大问题

1. 汉斯·贝特

你可能没听过我们这一节中的主角——汉斯·贝特（Hans Bethe，1906—2005）的名字。他是出生于德国的犹太人，祖父母都是医生，父亲研究生理学，母亲是儿童作家和音乐家。

二战时期（1935 年左右），贝特为了逃避纳粹迫害离开德国，后来成为一位美国核物理学家。贝特的主要贡献是对恒星核合成理论的研究，他的理论解释了为什

◎图 2-3-1　汉斯·贝特

么恒星能够在长时间持续向外释放大量的能量。由于核物理的研究成果，他荣获了1967 年诺贝尔物理学奖。

贝特于 98 岁的高龄去世，在职业生涯的大部分时间里，他都是康奈尔大学的教授，除了在洛斯阿拉莫斯的那几年。那段时期，和众多因战争而逃到美国的犹太裔德国物理学家一样，贝特参加了秘密的曼哈顿计划，并且，正是因为贝特在核物理界的成就和威望，他受罗伯特·奥本海默之命，负责原子弹研发的理论物理研究，为制造原子弹做出了重要贡献。后来，贝特与爱因斯坦和原子科学家紧急委员会开展了反对核试与核军备竞赛运动。他帮助说服肯尼迪和尼克松政府分别签署了1963 年《部分禁止核试验条约》和 1972 年《反弹道导弹条约》。

在洛斯阿拉莫斯期间，他提拔了当时才二十出头的年轻人理查德·费曼。有一个以他们两人命名的计算核武器效率的公式：贝特–费曼公式，就是他们合作的成果。

我们这一节就是讲述贝特、费曼，还有几位别的物理学家共同努力解决量子场论中的无穷大问题。所以，我们就从量子场论中无穷大的困难说起。

2. 无穷大问题

狄拉克 1927 年的文章中，将电磁场量子化，目的是为了解释爱因斯坦在1916 年提出的原子自发辐射问题。一个孤立原子，不可能自动地辐射原本不存在的光子。引进了场论的观点后，真空不空，而是成为光子场的基态，这样就能将自发辐射看作真空对原子相互作用的结果。在具体计算中，只能用微扰论来计算这种相互作用。实际上，量子电动力学，本来就是电磁量子真空态的微扰论。

在场论中，使用粒子数算符 n，光子场系统的总能量可以表示为：

$$H=h\omega\left(n+\frac{1}{2}\right)$$

公式中 n 是光子数。什么是真空态呢？真空态是可以由我们自己定义的。因为我们讨论的是光子场，所以最合适的真空定义是所有（频率）的光子数都为零。但是从上式中可见，$n=0$ 的真空态 $|0\rangle$，光子数为零，对应的总能量却并不为零。这时的能量 $H=\frac{1}{2}h\omega$，这个值便被理解为真空态的涨落。

因此，用 QED 研究原子（或电子）和电磁场系统时，可以将对应于能量的哈密顿量写成几个部分之和：单独原子系统的哈密顿量，单独电磁场的哈密顿量，两者（原子和电磁场）相互作用的哈密顿量。如图 2-3-2 所示。

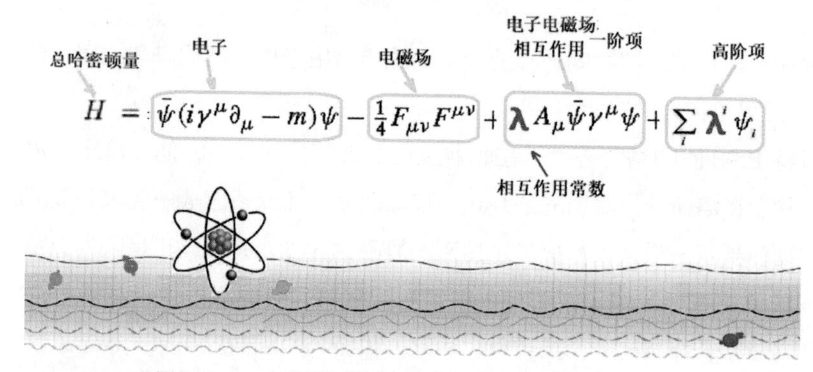

◎图 2-3-2　电磁场和原子（或电子）的哈密顿函数（能量）

式中的 λ 是相互作用常数，与精细结构常数（$\alpha=1/137$）有关，数值应该很小。一般来说，我们只需要考虑相互作用哈密顿量中的 1 阶近似或 2 阶近似，就能得到与实验符合得不错的结果。然而，当考虑更高阶项，以为可以改进理论计算的精确度时，却经常得到无穷大发散的结果。

问题首先出现在 1930 年，奥本海默发表的一篇论文中，他试图计算电子与电磁场之相互作用对原子中电子能级的影响（后来知道这是兰姆位移）。奥本海默发现电子自能更像一个不收敛的序列，类似于：1+1+1+1+…。因此，量子场论最后计算结果预测的能级差异为无限大。

实际上，无穷大问题在经典电子学中就存在。例如，电子自能的无穷大是来源于电子的点粒子模型。经典物理中计算自身电荷产生的能量时，首先我们可以将电子当作一个半径 r 的小球，无论是将电荷均匀分布于球面上或球体中，当 r 趋近于零时，电子质量公式 $m=e^2/rc^2$ 都会得到无穷大的电磁能。即当电子半径 r 趋于零

时质量 m 趋于无穷。最后，经典电子论通过引进电子的有限半径（非点粒子）免除了这一发散。

惠勒和费曼战前的文章，是根据超前－推迟势模型，经典地解决无穷大问题。他们也曾试图推广此方法以解决量子场论中的无穷大自能问题，但最终没有成功。

这无穷大的结果困惑了物理学家多年，以使量子场论的研究停滞不前。那时，大家认为场论有根本性的问题，不是一个好的理论。因此，这个问题也激励人们提供新的观点来完善量子场论。

不过，那时的物理学家们正忙于别的事，因为二战已经开始了。

3. 谢尔特岛会议

二战结束之后，物理学家们重新思考如何解决这个问题。有三次重要的会议与此有关。

1947 年 6 月，在纽约州长岛东段的谢尔特岛（Shelter Island）上，美国科学院专门召开会议，主题是量子力学与电子问题，实际上主要讨论当时物理中出现的突破性进展：物理学家威利斯・兰姆和同事用战争中发展的新兴微波技术测出的所谓的“兰姆位移”及相关问题。

这是科学史上的一件盛事，虽然与会者仅有 24 位，但都是一流人物。

◎图 2-3-3 1947 年的谢尔特岛会议

Participants at the 1947 Shelter Island Conference on Quantum Mechanics (left to right): I.I. Rabi, Linus Pauling, J. Van Vleck, W.E. Lamb, Gregory Breit, D. MacInnes, K.K. Darrow, G.E. Uhlenbeck, Julian Schwinger, Edward Teller, Bruno Rossi, Arnold Nordsieck, John von Neumann, John A. Wheeler, Hans A. Bethe, R. Serber, R.E. Marshak, Abraham Pais, J. Robert Oppenheimer, David Bohm, Richard P. Feynman, Victor F. Weisskopf, Herman Feshbach. Not pictured: H.A. Kramers.

根据狄拉克方程计算，氢原子的 $2S$（1/2）和 $2P$（1/2）能级相同，可以简并。然而，兰姆探测后发现，这两个能级其实并不吻合，而是存在一个小小的能级差，好比梯级中这对本应一般高的台阶却有一个比另一个稍微高了一点儿。后来将此现象称为兰姆位移。

威利斯·尤金·兰姆（Willis Eugene Lamb，1913—2008），出生于洛杉矶的美国物理学家，1934 年获得加州大学伯克利分校化学学士学位，后来在罗伯特·奥本海默的指导下完成中子散射研究，于 1938 年获得物理学博士学位。他测试了兰姆位移，并因此而于 1955 年获得诺贝尔奖。2008 年，兰姆因胆结石疾病并发症去世，享年 94 岁。

谢尔特岛会议上，有费曼，还有另一位与费曼同龄的聪明年轻人，哈佛大学的美国理论物理学家朱利安·施温格（Julian Schwinger，1918—1994）。施温格和费曼同年出生于纽约，家族是波兰籍的犹太裔，从事制衣行业。施温格从小聪慧过人，也是个有名的天才。施温格的生活习惯很奇怪，习惯白天打瞌睡睡懒觉，晚上起床学习和工作。不过，他是物理学家中出了名的硬算高手，对冗长繁难的笔算非常拿手。

伊西多·拉比（Isidor Rabi，1898—1988）是美国犹太裔物理学家，他发现了核磁共振（NMR），并于 1944 年获得了诺贝尔物理学奖。施温格在纽约市立学院读本科时，被伊西多·拉比看中，后转至哥伦比亚大学学习。施温格于 1939 年获得博士学位，毕业后在伯克利加州大学和普渡大学任教。二战期间，施温格从事了有关雷达和加速器的研究。1945 年出任哈佛大学教授，但后来因与同事不和，20 世纪 70 年代离开哈佛至加州大学洛杉矶分校任教直至退休。施温格培养了多名优秀博士生，其中有四名获得了诺贝尔奖，此外还有布莱斯·德维特（Bryce DeWitt，1923—2004），他是量子引力的奠基人。

事实上，当年拉比也向谢尔特岛会议作了精确测量电子磁矩的报告，不过由于兰姆的工作而颇显黯淡，但不久后他在量子电动力学的发展中也扮演了重要的角色。

4. 重整化（也叫重正化）

在谢尔特岛会议之前，日本的朝永振一郎（Tomonaga Shin'ichirō，1906—1979）与他的日本同事就已经解决了不少量子场论的问题，但因为战争的缘故，他们的工作不为美国科学家所知。在谢尔特岛会议上，施温格和费曼贡献了另外两种方法。

也就是在这次会议上，诞生了重整化（Renormalization）的想法。

在介绍重整化之前，还应该提及一个所谓正规化（regularization）的方法。正规化是将产生发散的部分“截断”。很多情况下，无穷大是产生于量子场论中对从零到无限大的所有动量的积分。例如，电子自能的计算中，需要包括所有频率的电磁场的能量，k 值大的部分积分引起无限大，如果将积分限制在某一个 k 值 以下，便能得到有限的结果。大的 k 值对应于小的空间范围，所以也可以说正规化就是将空间尺度限制在一定范围，例如，设定一项空间中最小距离 D，略去那些太小（小于 D）的尺度。

但正规化的方法引起许多质疑，例如，结果可能会与最小距离D有关，那么，到底应该从哪个距离D开始截断才能得到正确的答案？此外，除了截断值D之外，量子场论中的参数与物理测量值之间，还有许多含糊的概念。换言之，哪些参数是可以测量的？哪些参数无法测量？将这些想法综合起来，物理学家们产生了后来称之为重整化的思想。意思就是，是否有可能根据物理参数的实验值，通过重新定义某些参数（比如电荷、质量、耦合常数等），使得当正规化中的 D 趋近零的时候，计算结果收敛于一个固定值。换言之，计算中的无穷大问题可能被重新定义的参数抵消。如果一个理论中，有多个参数需要被重新定义就能消除发散问题，这个理论就被认为是可以被重整化的，否则就是不能被重整化。QED 可以被重整化。

实际上重整化的第一步想法应该归功于最有洞见的狄拉克，他在 1933 年 8 月写给玻尔的信中，提到电子的“有效电荷”：“佩尔斯和我一直在关注由静电场引起的负能量电子的分布变化问题。 我们发现这种分布上的变化使得部分电荷中和……这些有效电荷在所有低能实验中都可以测得到，实验决定的电子电量应该和电子的有效电荷量一致……当这种 mc^2 大小的能量开始起作用，人们可以期待一些公式的修正。”狄拉克的有效电荷就是我们测量到的电荷，他所说的真实电荷就是现在所说的“裸”电荷。他信中所说“电荷的中和”就是电荷重整化。

除了裸电荷（bare charge）之外，还有裸粒子具有的裸质量或其他裸参数，“裸”的意思，是将所考虑的粒子设想成完全孤立，不和任何其他粒子（或场）发生相互作用的情况下它所具有的性质。但是不存在完全孤立的粒子，所以“裸”只有理论上的意义，没有观察效应。因此，我们并不真正知道这些裸参数的值。重整化的思想，是将这些裸参数假设为无穷大，并与使用微扰论时碰到的无穷大量同样级别增长且互相抵消。两者相消的结果，是具有真实物理意义的可测参数。

在谢尔特岛会议上，克拉默斯（Hendrik Anthony Kramers，1894—1952）提出重新标准化（归一化）电子质量的建议，即质量重整化。也就是将裸质量设想成无穷大以抵消无穷大的粒子自能。电子与自身电磁场是不可分离的，从一开始就考虑其与电磁场的相互作用而增加的质量，即考虑实验质量，便不需要涉及电子的具体结构问题而克服发散困难。

四天的会议结束之后，贝特从纽约坐火车返回，途中仍然忘不了思考物理问题，干脆拿出纸笔，成功地完成了氢原子中电子能量的兰姆移位的第一次“重整化”计算。他把理论上能够通过重新定义电子的电荷 e_0、质量 m_0 和场量 ψ 这些发散量，用重整化的方法吸收过去。经过重整化的处理后，各阶修正的结果都不再发散，计算的各阶辐射修正可和实验进行比较；这一方法给出了兰姆移位的正确答案。

之后，在多位物理学家的努力下，重整化的方法和理论逐渐完善。应用重整化之后的量子电动力学，成为计算结果最精确的理论，根据它求出的电子和光子相互耦合的精细结构常数的理论值，和试验的误差小于百亿分之三。因此，费曼后来把 QED 誉为“物理学的瑰宝”。

费曼对 QED 贡献最大的工作，要首推他的费曼图。

四、费曼图

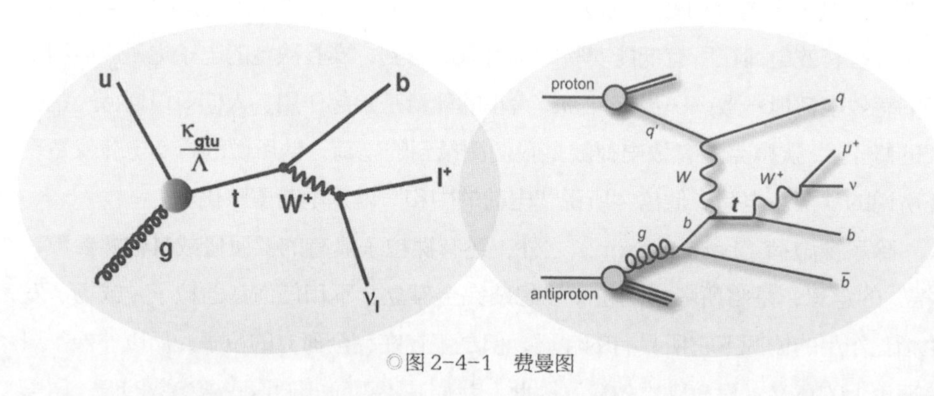

◎图 2-4-1　费曼图

第二次世界大战后有关量子场论的三次重要会议，都是由美国理论物理学家奥本海默（Oppenheimer，1904—1967）主持的。当年还有几次别的会议，如物理学会年会、索尔维会议等，但这三场会议主要讨论量子电动力学。

在公众眼里，奥本海默以1942至1945年领导曼哈顿计划著称，实际上他也是一位做出过多项接近诺贝尔奖级别成果的著名物理学家，性情和人格方面颇具特色与魅力。奥本海默出生于纽约一个富裕的犹太人家庭。父亲是德国移民，从事纺织品进口生意，母亲是一名画家。第二次世界大战后，曼哈顿计划被公之于世，奥本海默也在全国成为科学的代言人，1947年他出任普林斯顿高等研究院的院长，云集了一大批各个领域的尖端人才。理论物理方面，包括几位在当时还非常年轻的物理学家：杨振宁、李政道，以及后来的弗里曼·戴森等。受奥本海默邀请到高等研究院做研究的，还有笔者在奥斯汀大学读博时的导师塞西尔·莫雷特（Cecile Morette，1922—2017），以及她后来的丈夫布赖斯·德威特。可以想象，当年奥本海默邀请的女学者不会太多，塞西尔是其中一个，让笔者引以为傲。

奥本海默主持的第一个场论会议，是上一节介绍的1947年召开的谢尔特岛会议，第二次是波科诺会议。

1. 波科诺（Pocono）会议

这是1948年4月在美国宾夕法尼亚州波科诺山的一个庄园度假酒店举行的会议，有28位精英物理学家参加，相比谢尔特岛会议而言，增加了几位也更换了几位，增加的比较重要的人物是玻尔和狄拉克，其余人中，无与伦比的费曼和天才的施温格仍然在场，应该是这次会议的主角。

历史地看，会议见证了一个量子物理中开创性的时刻，因为费曼的著名“费曼图”首次公开亮相。但实际上当时会议上的费曼远不如施温格风光，费曼图并没有受到热烈欢迎。

那天，从哈佛来的施温格才是做了引人入胜表演的年轻英雄。他用几乎一整天的时间详细解释了他的正则量子场论及重整化数学方法。尽管不是人人都喜欢繁琐的数学计算，但那是与会的大多数物理学家们熟悉的拿手好戏。并且，施温格高超的数学技巧和雄辩的口才，让在场人士心服口服。等到费曼的演讲真正开始时，就人们的心理状态而言，一天已经结束了！所以，费曼演讲匆匆忙忙，他画图解释QED的一个简单实例，却经常被打扰：玻尔以为它们违反了泡利的不相容原理，起身走近黑板，发表了有关泡利原理的长篇演讲；狄拉克则反复提出他所谓的归一化问题，即根据费曼系统计算出的概率是否加起来等于1。总之，听众中似乎没有人弄懂这些看上去莫名其妙的线条图。虽然这次会议之后不到一年的时间，大家就认识到了费曼图的优越性，但当时费曼会上的演讲的确没有得到应有的关注。即使是费曼在康奈尔的好朋友贝特，也不明白费曼的演讲。

在费曼那些奇怪的图形中，甚至包括在时间上往回走的电子路线！费曼在1964年他的诺贝尔演说中也提到这个貌似“疯狂”的想法，说是从他的老师惠勒那儿“偷来”的！

1965年的诺贝尔物理学奖，颁发给了费曼、施温格，以及日本的朝永振一郎三人。三人中除了费曼外，其余两人解决问题的思路大同小异，实际上可说是前辈物理学家们思路的延续。而费曼的想法独一无二别具一格，对其稍加探索，可以给后人做学问以启迪。

2. 单电子宇宙

1940年秋的一天，费曼在普林斯顿大学研究生宿舍里，接到他的博士导师约翰·惠勒打来的电话。

惠勒告诉他说：“费曼，我知道为什么所有的电子都有相同的电荷和相同的质量。”

费曼：“为什么？”

惠勒：“原因是它们都是同一个电子！”

惠勒半玩笑半认真地解释了他的想法：所有的电子可能是唯一一个电子的世界线在整个宇宙里复杂循环所形成的。因此，我们看到的所有电子都是一模一样的，因为它们实际上就是一个电子！如果我们截取整个宇宙的任一时刻，一半电子的世界线会在时间中向未来行进，另一半会在时间中向过去行进。惠勒说，在时间上往回运动，即由将来返回到过去，实际上就相当于一个时间上向前的电子的反物质：正电子！

◎图2-4-2 单电子宇宙

费曼被惠勒“疯狂”的想法震惊，提出一个显然的疑问：如果那样的话，电子和正电子的数目应该一样多啊。但我们实际观测到的电子应该要远远多于正电子，不是吗？在理论上也是这么认为的。对此，惠勒推测说，可能有未被观测到的正电子隐藏在质子中吧！

如今，已经没有必要评论这个无法想象的单电子宇宙图景正确与否，但它具有哲学意义的思维方法启发了费曼，特别是将反粒子看作时间上“逆行”的正粒子这个图像，深深地印在了费曼的脑海中。费曼在 1949 年发表的《正电子理论》论文中正式提出“正电子是电子在时间中逆行”的说法。后来南部阳一郎把这个想法扩展到正反物质对的产生与湮灭，认为真空中不断发生的正反物质对的创生与湮灭，实际上是粒子在时间这一维度上运动方向的改变。

量子力学中，电子是没有“轨道”概念的，但是为了理解惠勒与费曼讨论的“单电子”图景，不妨假想一个电子在时空中的运动轨迹，即如图 2-4-3（左图）所示的红色折线。当折线上的箭头所指是时间正方向时的线段代表电子，反之则代表正电子。假设我们再进一步想下去：电子为什么会突然转回头变成正电子了呢？一定是与某种东西相互作用了，这样才能满足能量守恒和动量守恒。如果将考虑的范围限制在 QED 中的话，那就没有别的东西，只有与光子作用的可能性了。也就是说，QED 中电子、正电子与光子，可以用图 2-4-3（右上图）中的符号来表示，而右下方三者于中心顶点交汇的“图”，则表示了它们之间的相互作用，这也可算是一个最简单的费曼图。

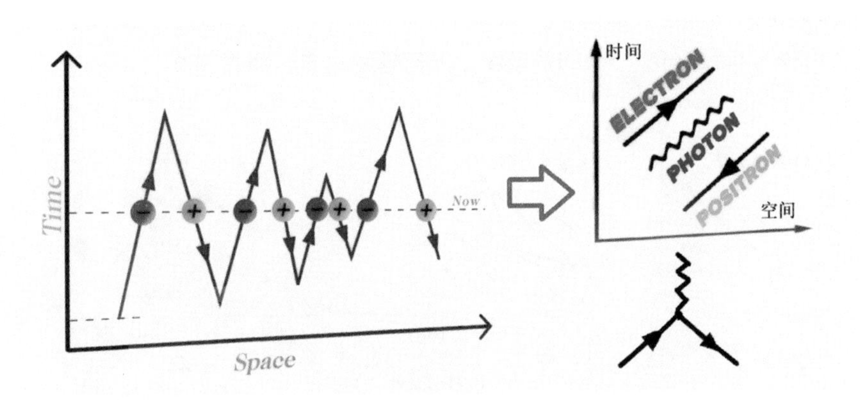

◎图 2-4-3　从单电子世界到费曼图

必须注意，费曼图描述的并不是电子正电子运动的严格几何轨迹，可以看作一种“拓扑”结构。例如，图 2-4-3（右下图）是正负电子对湮灭而产生光子的过程。总之，费曼的图像能帮助我们对场论中的相互作用进行直观的形象思维。更重要的是，费曼图简化了场论中的计算。在图 2-4-3 以及之后的图中，我们都用垂直向上表示增加的时间，水平方向代表空间。

3. 从经典力学到量子场论

费曼一直想把“最小作用量原理”应用于解决量子力学问题。回顾物理学的历史，无论是牛顿力学，还是电磁理论，都可以有多种等效的表达方式，其中也包括了用作用量的方式来描述物理规律。量子力学也是这样，薛定谔方程和海森堡的矩阵力学是等效的，因此，费曼在潜意识中相信他将作用量原理用于量子问题的想法是能够成功的。然而，他却一直苦于找不到量子力学中作用量的正确表达式。直到一位欧洲学者介绍他看到了狄拉克的文章，才帮助费曼将最小作用量原理成功地用于量子而发明了路径积分。

量子力学路径积分描述的优越性，在于它能很方便地向经典物理过渡。在经典物理中，如果用最小作用量原理描述粒子从时空点 A 到时空点 B 的运动，是沿着 A 到 B 的单一轨道积分（图 2–4–4a）；而在量子力学中，是沿着粒子能从 A 走到 B 的每一条可能的路径，即每一种可能的“历史路径”进行积分，如图 2–4–4b。量子力学中电子从 A 到 B 的总概率幅等于所有路径的概率幅相加。如果使用微扰论作近似计算的话，可以仅仅考虑经典路径及其周围的路径，忽略其他的。由此可以清楚地看出经典与量子的关系。

对量子场论而言，应该说，是沿着系统的所有“状态路径”求积分。这儿的“状态路径”，就是一个一个的费曼图。如何理解这点？请看图 2–4–4c 所示。

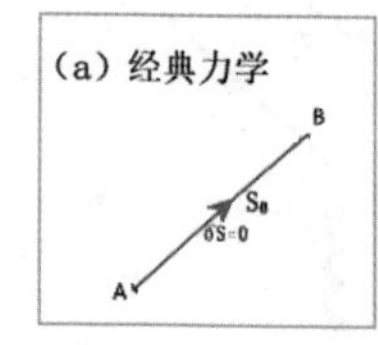

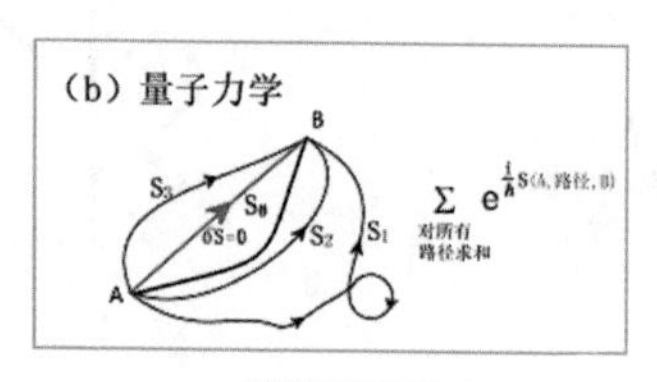

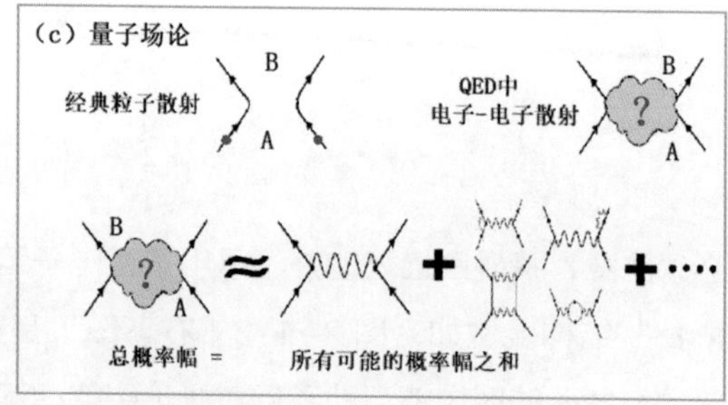

◎图 2–4–4 最小作用量原理（从经典力学到量子场论）

量子力学描述 A 点到 B 点的单个粒子，量子场论描述的是（多粒子）系统从输入状态 A 到输出状态 B 转换的概率。例如，考虑两个电子散射的问题。如果把电子当作经典粒子，两个电子在库仑力的作用下互相排斥而散射，如图 2-4-4c 中左上图；右上图是从量子场论的角度看待这个散射问题：输入态 A 到输出态 B，两个电子到两个电子，有无限多种转换方式。因此，在图中我们将其中间过程用一团未知的云雾来表示。

费曼图是解释这团云雾的一种方式。费曼根据电子和光子相互作用的程度来分解这团云雾，如图 2-4-4c 下图所示：首先考虑两个电子散射的最简单情况（等号后的第一图），其中一个电子将发射一个虚拟光子，该光子将被另一个电子吸收。以上描述的是费曼图中两个顶点的情况，费曼图中顶点数的多少决定了该图对散射截面（总概率幅）的贡献，顶点数越多贡献就越小（成指数减小）。QED 中只有电子场和光子场，两种场之间的相互作用均可以用与图 2-4-3 右下方所示的类似六种顶点来描述。不同数目的各种顶点构成无穷多种费曼图。例如对上述两电子散射而言，实际情况中，电子可以以多种方式散射，以多种复杂的方式交换光子。电子之间可以不止一次地交换光子：1 次、2 次……多次；电子在飞行中还可能分解成虚拟的电子 - 正电子对，进而湮灭以形成新的光子；费曼图中还可以包括各种各样的圈图等等。

费曼图对总概率幅的贡献随着图的复杂程度的增加而减小。也就是说，最简单的图贡献越大，所以，往往考虑少量几个图便能够得到不错的结果。通常是现实的良好近似。

4. 费曼图和费曼规则

当然，费曼图成为物理界的珍贵资产，不仅仅是因为它们看起来简单、直观又有趣，而是因为通过它们，能够跟踪一个相当复杂的积分方程的所有元素。它们不仅能帮助我们通过想象研究无法看到的世界，而且实际上是一个强大的计算工具。为了达到计算的目的，费曼图有一系列简单的规则，来对应和跟踪积分中的所有这些数学术语，叫作费曼规则。

费曼将简单的数学公式对应到每个图，代表图中之过程发生的可能性。利用图 2-4-5 右表中图元素与算符的对应关系，不难将图 2-4-5 左下方的费曼图，对应于左上方的数学公式。按照类似的对应方法，再复杂的图也都可以写出对应的数学公式，然后再进行积分运算，便能得出相应的概率幅。

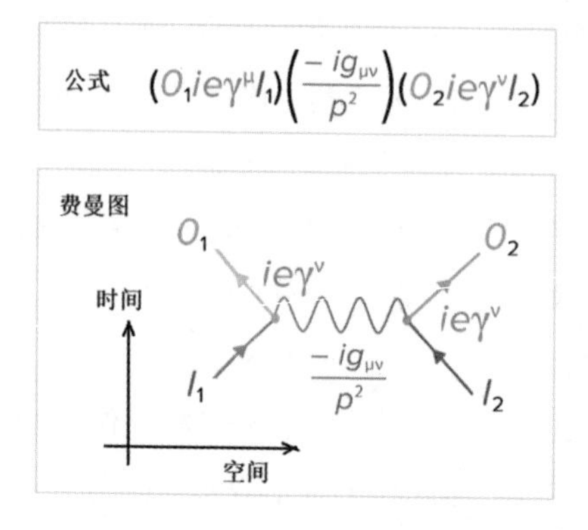

对应物	图	算符
入射粒子		I
出射粒子		O
光子		$\frac{-ig_{\mu\nu}}{p^2}$
交点		$ie\gamma^{\mu\text{-}\nu}$

对应关系

◎图 2-4-5　费曼规则

五、伟大的戴森

◎图 2-5-1　QED 创建者

之前提到的约翰·惠勒，和本节主角弗里曼·戴森，都没有得过诺贝尔奖，却是理论物理界的大师级人物。惠勒是费曼的老师，戴森为量子电动力学做出了重要的奠基性的贡献。

1. 戴森何许人也？

2020 年 2 月 28 日，戴森（Freeman Dyson，1923—2020）在美国去世，享年 96 岁。戴森是英国人，研究范围很广，从粒子物理、天体物理，到生命起源，都有所涉及。他虽然没有获得博士学位却成为数学物理领域中大师级人物的典型范例。戴森原来是数学家，但他对科学的最大贡献却是在量子电动力学领域。他是如何从数学转行到物理的？

戴森 1923 年生于英国，父亲是对科学非常感兴趣的音乐家，母亲是律师。戴森没有博士学位，也算自学成才，但与早他一百多年前因家贫而自学成才的英国科学家法拉第完全是两码事。戴森家庭条件优越，他从小是数学才能非凡的天才少年，据他自己的记忆，还是躺在婴儿床的年龄，就自己琢磨学会了计算无穷级数！

少年时代的戴森，曾经一度沉迷于解答一本微积分书中的数学问题而引起了父母的担忧。特别是他的身为律师的母亲，用了舞台上《自虐者》中一句有名的台词来提醒他："我是人，我绝不自异于人类。"94 岁去世的母亲将此语奉为一生的信条，也希望儿子能以此为箴言。母亲说："在渴望成为一个数学家的过程中，不要丢失人的本性。"她又说，"有朝一日你成了一个伟大的数学家，却清醒地发现你从未有时间交过朋友时，你将追悔莫及。如果你没有妻子和儿女来分享成功的喜悦，那么纵使你证明出黎曼假设，又有什么意义呢？如果你只对数学感兴趣，那么日后你将会感到，数学也会变得索然无味，犹如苦酒。"

后来戴森升入剑桥大学，成了著名数学家哈代的学生。1947 年哈代去世后，遗憾的戴森也因攻克一道数学难题（西格尔猜想）碰到困难而转赴美国。尽管戴森没有博士学位，却凭实力在二十多岁时就已经名声在外，得到了物理学家汉斯·贝特的赏识。1947 年 9 月，戴森乘火车到了美国的康奈尔大学，追随贝特，转行做理论物理研究。

2. 旅途上茅塞顿开

戴森来得正是时候，因为正赶上贝特从谢尔特岛开会回来。贝特在从纽约伊萨卡（Ithaca）到斯克内克塔迪（Schenectady）的火车上用重整化方法计算了兰姆位移的问题，并且立即兴奋地给费曼打电话告诉了结果，当时的费曼似乎还不完全满意。

贝特回到康奈尔后，将他的结果写成了一篇两页的短文，在《物理学评论》上发表。但贝特只是处理了非相对论情形，便建议新来的戴森考虑没有电子自旋时的相对论性推广。戴森得益于之前的数学训练，短短两周就完成了贝特交给他的计算，且结果与实验符合得很好，当年 12 月投稿到了《物理学评论》。贝特认识到戴森的能力，将他推荐到奥本海默的普林斯顿高等研究院工作一年（1948 年秋季开始），戴森也十分期待这次机会，因为那儿有他崇拜的爱因斯坦、哥德尔、外尔、冯·诺依曼等大师级人物。

上一节中说到 1948 年 4 月的波科诺会议上，费曼第一次公布了他的费曼图，却没有得到众物理学家们的理解。实际上，当时的费曼对自己的这些天才想法都还尚未梳理清楚，对欧洲几位物理前辈的场论思想也还了解不够，可以说是在不自觉中，用与众不同的方式建立和发展量子场论。

费曼回到康奈尔，和戴森立即成为好朋友。戴森刚完成了贝特给予的第一个课题，非常有兴趣地继续思考相关的场论问题。戴森对费曼十分仰慕，认为“他脑袋里总是充满了创意，尽管大多不如看起来那么有用，而且在没有发展多远就被新的灵感所代替了”。戴森对费曼罕见的人格魅力也非常欣赏：“他对于物理学最有价值的贡献是作为精神士气的维护者，当他带着最新的创意冲进屋里，并用夸张的语调和手势来展示的时候，生活绝不会枯燥。”据说戴森对费曼最有趣的评论是：初识时说他是“半个天才半个滑稽演员”，当更为深一步了解之后改成了“完全的天才和完全的滑稽演员”。

戴森一开始也觉得费曼图“难以理解”，不过当年夏天，戴森去密歇根安娜堡（Ann Arbor）参加一个暑期讲习班，借搭费曼去新墨西哥的汽车顺便看看美国时，也就正好使他有了机会向费曼亲自请教。旅程中，两人有很多讨论，戴森深入了解了费曼的经历、爱情和思想，也包括他的路径积分和费曼图。

在安娜堡的五周也非常有收获，戴森听另一位 QED 专家施温格上课，还和他深刻交谈，了解了施温格的理论是怎么建立起来的。

所以，就在短短的不到两个月的时间中，戴森已经基本上把握了费曼和施温格两种从不同方面逼近的量子电动力学方法。戴森也阅读了朝永振一郎的文章，认为他的方法基本上与施温格的方法属于同一类。

暑期班结束之后，戴森去伯克利度假。他坐灰狗大巴横穿美国大陆，经过芝加哥再抵达东岸。看来那时候车上的长途旅行对理论物理学家思考颇有帮助，也许因为在颠簸的车上闭目养神能使灵感四溢：贝特不久前就曾经在火车上计算兰姆位移；这一次的戴森则在脑海里翻腾构思着施温格和费曼等三人不同的 QED 方法，将他们的思想各自独立开来，又重新组合在一起。

大巴上的 48 小时中，各种纠缠在一起的想法终于在戴森的脑海中完成了一次传奇般的结晶过程。一到芝加哥，戴森就给贝特发信通知了他的胜利，并计划尽快写成论文发表。

3. 女学者塞西尔

1948 年秋季，戴森到了普林斯顿高等研究院，总结他在旅途中的发现，完成了“朝永、施温格和费曼的辐射理论”一文，解释了费曼的方法与朝永、施温格的方法的等效性。

这时候，被戴森称为“一位伟大女性”的塞西尔·莫雷特（Cecile Morette）也从法国经都柏林和哥本哈根来到了普林斯顿。塞西尔主攻数学物理，是德布罗意的学生，在都柏林时曾经和中国著名物理学家彭恒武先生一起工作并有着深厚的友谊。后来塞西尔成为美国德州奥斯汀大学的教授。中国改革开放后，塞西尔经由何祚庥先生得知彭恒武先生当年正担任中科院理论物理研究所所长。两人联系上之后，塞西尔感慨万千，为了报答几十年前这段难忘的情谊，她将笔者从中科院理论物理研究所要去做她的博士研究生，此为后话不表。

◎图 2-5-2 （a）塞西尔和彭先生骑自行车　（b）六十年之后（2006，北京）

戴森和塞西尔同为数学出身再转行到理论物理，有共同的兴趣。两人都对费曼路径积分感兴趣，戴森后来评论塞西尔时，说她是当时年轻一代中第一位掌握费曼路径积分物理方法的全部范围和功能的人。因此，当戴森决定离开普林斯顿去度一个漫长的周末时，便说服了塞西尔一起同行。他们从普林斯顿坐车去伊萨卡（Ithaca），费曼到车站与他们会面并表演（击鼓），然后，在康奈尔大学度过了一个愉快的周末。

戴森在给他母亲的信中，提起这段经历：

“我们在会议厅里讨论了物理学。费曼介绍了他的理论，这使塞西尔充满了欢笑，与之相比，我在普林斯顿的演讲显得有些苍白。……那天下午，费曼每分钟产生的创意比我之前或之后任何时候见过的都更好。在傍晚，我提到只有两个问题（电场散射光以及光散射光）尚需确立该理论的有限性。费曼告诉我们说马上会看到的，然后他就坐下来闪电般地计算了两小时，得到了这两个问题的答案。结果证明，除了一些无法预料的复杂性之外，整个理论是一致的。”

年底，戴森又写了一篇论文，讨论了高阶微扰，证明了量子电动力学的可重正性。塞西尔·莫雷特使用费曼图题为《关于核子－核子碰撞产生的 π－介子的产生》的文章，也发表在 1949 年《物理评论》上。塞西尔的文章是除了费曼和戴森之外，第一篇应用费曼图的文章。

塞西尔在普林斯顿高研院碰到了她的白马王子，她称为“Schwinger’s Boy”（施温格男孩）的布莱斯（Bryce DeWitt）。布莱斯是施温格的学生，平生贡献给了引力场的量子化。塞西尔从数学物理的角度做引力量子化，她的主要工作是弯曲空间的路径积分。

塞西尔对理论物理的最大贡献是 1951 年在法国阿尔卑斯山的莱斯胡什（Les Houches）创立的数学和理论物理暑期学校。该学校的学生或讲师中，有二十多名先后成为诺贝尔奖获得者。其中也有菲尔兹奖获得者。

4. 纽约 Oldstone 会议

1949 年 1 月，在美国物理学会年会上，费曼介绍了他的正电子理论。会议期间，费曼了解到一位叫斯洛特尼克（Slotnick）的物理学家花了好几个月（半年）时间算出了描述电子从中子上反弹的方式的一些新结果。费曼决定试试用自己的路径积分和费曼图计算这个散射问题。最后，仅用了几个小时便得出了正确的结果。这让费曼非常激动，确信自己掌握了一种量子场论计算的特别方法。戴森后来描绘道：“这是我所见过的费曼能力的最令人眼花缭乱的表演，这些问题曾花费了大物理学家们几个月的时间而他却用两三个小时就解决了……用的是这种非常经济的方式……甚至在把方程写下来之前就把一些答案串起来了，并且直接从图形中得出结果。”

接着，同年 4 月，在纽约一个叫 Oldstone 的宾馆召开了二战后的第三次基础物理问题会议。这次会议，量子电动力学的费曼方法居于舞台的中心。会后不久，费曼完成了论文《量子电动力学的时空方法》，介绍了费曼图的基本原理，论文于 1949 年 5 月 9 日被《物理评论》收稿。之后，路径积分和费曼图成了广泛应用的理论方法，在高能粒子物理的发展中起到了重要作用，也用于其他领域，特别是凝聚态与统计物理。

诺贝尔奖得主弗兰克·维尔切克（Frank Wilczek）说：“若不是借助费曼图，

让我获得 2004 年诺贝尔奖的计算根本无法想象也难以进行，那项工作建立了产生并观测希格斯粒子的一种方法。”

戴森也参加了 Oldstone 会议，并在会上作了重要报告。量子电动力学因精确的计算结果而蓬勃发展，戴森功不可没。他的两篇论文成为量子场论的经典文章。第一篇论文中，他将朝永、施温格和费曼的理论统一起来，严格证明了两个彼此貌似不同的理论的等价性，给出了量子电动力学严格的新表述。在第二篇文章中，戴森完成了 QED 的重整化纲领，完成了量子电动力学可以重整化的证明，给出了量子场论“可重整化”的标准。戴森证明了从施温格和朝永振一郎的算符形式出发，可以导出费曼所发现的图像形式及图形规则。

这两篇论文使戴森在一年之内，从一个无名小卒一跃成为物理学界一颗闪亮的新星。

5. 戴森的其他贡献

后来，朝永振一郎、施温格和费曼因为在量子电动力学的工作分享了 1964 年的诺贝尔奖。贝特也在 1967 年得了诺贝尔物理学奖。QED 的几个奠基者中，唯有戴森被诺奖“忽略”了，可见世界永远不可能是那么公平的。

不过，这几个诺奖得主早就归天了，戴森却活到了 96 岁的高龄。他 1994 年从普林斯顿高等研究院退休，人们经常见他悠然自得地漫步在新泽西的小路上和树荫下。如同他母亲所期望的，戴森关心家庭，享受人生。他写书写文章，关注科学，点评文化，涉猎各个不同的领域。戴森只是与诺奖未曾结缘，除此之外，他曾经得到的奖项还是可以列出一长串的。他著有许多普及性读物，还以在核武器政策和外星智能方面的工作而闻名。几年前，他还就大众极其关心的“全球气候变暖”问题发表独见，引起了不少争议，此是题外话。

杨振宁和温伯格及其他一些物理学家，都曾经就戴森未获诺奖而发出不平的声音，但戴森自己却不这么想。他曾经说：如果你想获得诺贝尔奖，你应该长期集中注意力，掌握一些深刻而重要的问题，并坚持十年。但戴森表示：“这不是我的风格！”

戴森的想法经常与众不同。例如，他对物理学家们追求统一理论的思想就表示怀疑，认为科学的大地上躺满了统一理论的尸体，爱因斯坦晚年的工作就是一例。戴森认为科学需要多样化，不是一定要统一。戴森有一篇著名的“鸟和青蛙”的文章，点评诸多哲学家、数学家、物理学家们，将他们归类为统观全局、能高飞的

“鸟”，以及做出重大具体贡献的、深刻的“青蛙”。一般人都认为“鸟”高于“青蛙”，但戴森的观点是两者都不可或缺，并认为自己就是一只固执的青蛙。

戴森在 1960 年提出著名的“戴森球”理论。他认为行星（比如地球）本身蕴藏的能源是非常有限的，而来自恒星的辐射能源的绝大部分都被浪费掉了。例如我们太阳系各行星只接收了太阳辐射能量的大约 1/109。因此，戴森认为，一个高度发达的文明，必然有能力将太阳用一个巨大的球状结构包围起来，使得太阳的大部分辐射能量被截获，只有这样才可以长期支持这个文明发展到足够的高度。

戴森不仅仅是物理学家，他有“物理学家、数学家、作家”三重身份，在晚年他潜心写作、著书。

第三章

标准模型

BIAOZHUN MOXING

“一尺之棰，日取其半，万世不竭。”——《庄子》

世界万物是由哪些基本粒子组成的？粒子物理的标准模型给出了答案。

一、希格斯粒子

1. 俘获希格斯粒子

2013 年 3 月 14 日，欧洲核子研究组织发表新闻稿正式宣布，LHC 的紧凑渺子线圈（CMS）和超环面仪器（ATLAS），于 2012 年 7 月 4 日，测量到了具有零自旋与偶宇称的，被昵称为“上帝粒子”的希格斯玻色子。

大型强子碰撞机（LHC）位于瑞士日内瓦西北部的郊区，左边已经能看到法国边境处的农田，背景是美丽的日内瓦湖。漂亮的建筑，翠绿的草坪，你可能很难想象，在这一片宁静祥和的美景之下，隐藏着一个如此巨大的科学工程。

欧洲核子中心（CERN），可以说是世界上科学研究最前沿的地方。二十多年之前，万维网在这儿悄然诞生，之后的发展有目共睹。2012 年，这个组织宣告找到了“上帝粒子”的消息震惊了全世界。第二年，CERN 的实验物理学家们基本确认发现了“上帝粒子”（希格斯粒子）之后，诺贝尔委员会将 2013 年的物理奖授予了与此相关的两位理论物理学家：弗朗索瓦・恩格勒和彼得・希格斯。

LHC 隐藏在 100 米深的地下，位于一个周长 27 千米的巨大的环形隧道内。当年，全世界各国的科学团体联合建造这个世界上最大粒子加速器的主要目的，就是为了寻找希格斯粒子。这是一台世界上最昂贵的显微镜，几年来，世界各国合作的总耗资达到 130 亿美元，上万人为此日夜辛勤工作，目的就为了追踪一个平均寿命只有 1.56×10^{-22} 秒（s）的小小的基本粒子。

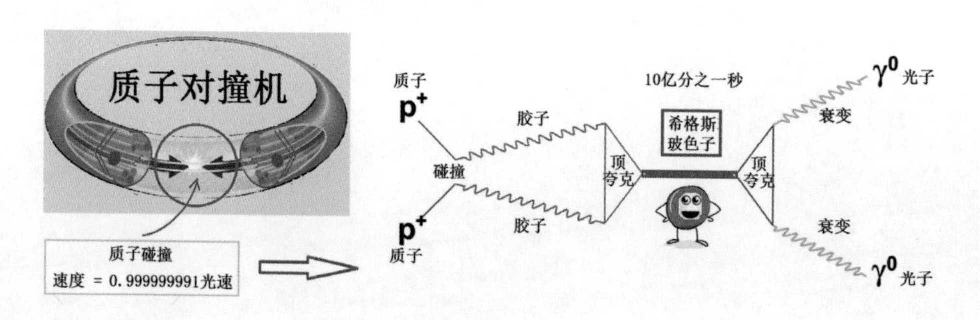

◎图 3-1-1　希格斯玻色子的产生

这个不平常的“小东西”不是天外来客，因此，与其说是CERN“发现”了希格斯粒子，还不如说是对撞机“制造”出了希格斯粒子。事实上，科学家们是让LHC隧道中的两束质子，以每秒11245圈的速度（接近光速）狂奔后相撞，在极小的空间内爆发出等于十万倍太阳温度的超级高温，并释放出大量的能量和粒子，希格斯粒子就有可能产生在其中。不过，质子碰撞产生希格斯粒子的概率很小，每1012次的对撞，才可能产生一次。并且，希格斯粒子一旦产生后转瞬即逝，在十亿分之一秒的时间内就会衰变成其他的粒子。这就是为什么LHC耗资如此巨大，因为要想捕捉到希格斯粒子太不容易了。

虽然有人将其称之为“上帝粒子”，但希格斯粒子与上帝，或者与上帝的存在与否，丝毫无关。它是为大多数物理学家所认可的“标准模型”理论中其他的基本粒子，提供了一个“质量来源”的机制。

2. 何谓“质量问题”？

为什么理论物理中有一个“质量问题”？质量，是我们从初中物理书中就熟知的概念，被定义为物体中“所含物质的多少”，能有什么问题呢？

物理学的本质是“追根溯源”，寻求“万物之本”。质量，在经典物理中是无可非议的存在，但在现代物理的“标准模型”中，却要煞费心机地去追溯它的“来源”。

什么是标准模型呢？人类在永无止境的探索中，试图将“万物”归纳统一为最少数目的“基本元素”，其中一个描述各种粒子及粒子之间相互作用的较成功理论，就是标准模型。标准模型中描述相互作用的是“规范场论”。

规范场论数学上十分漂亮，但是当时却有一个缺陷：与其相关的粒子（规范粒子）的质量只能为零，这会导致标准模型（图3–1–2）中所有基本粒子质量都为零。看起来，美妙的理论导致了一个不符合实际的结果。实际结果是物理科学的“根基”，而理论之美，也是物理学家们舍不得放弃的“至爱”，幸亏后来有了希格斯机制来解围，使规范场的理论趋于完美。

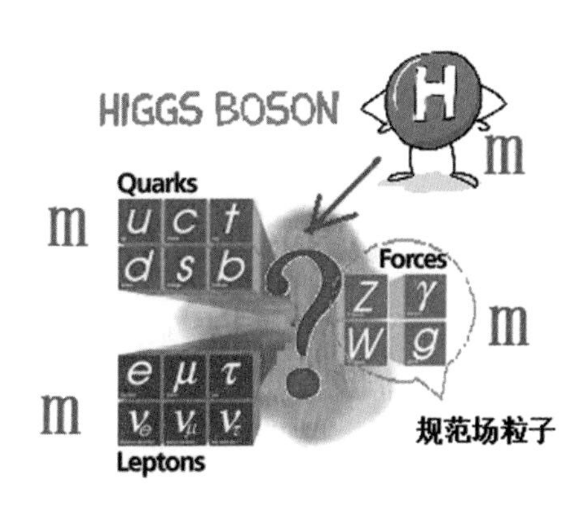

◎图3–1–2 希格斯玻色子是标准模型的最后一块拼图

有关规范场，我们之后将介绍，下面仅介绍“自发对称破缺”如何解决质量问题。

3. 南部阳一郎和 2008 年诺奖

中国人并不熟悉南部阳一郎（Yoichiro Nambu，1921—2015）的名字，但一听就知道是一位日本人。其实他被誉为 20 世纪后半叶最伟大的理论物理学家之一。他生于日本逝于日本，但大部分学术生涯在美国度过，是美国籍日裔科学家中获诺奖的第一人。

和其人的名声一样，南部阳一郎对物理学的最主要贡献——对“对称性自发破缺”机制的研究，其重要的科学意义，也往往被低估。

南部于 1970 年加入美国籍，2008 年荣获诺贝尔物理学奖，2015 年 7 月 5 日在大阪去世。南部是一个时代少有的先知先觉者，就像著名超对称理论家布鲁诺・朱米诺（Bruno Zumino）曾经评价的那样：“他总是比我们超前十年，所以我曾试图理解他的工作，以便能对一个十年后将会兴盛的领域有所贡献。可是，与我的期望相反，我费了十年的功夫才理解他的工作。”

南部首先从量子场论的角度，用对称破缺的概念，仔细研究了 BCS 超导理论问题。超导现象中起作用的是电子等之间的电磁相互作用，根据规范理论，电磁场符合 U（1）群所描述的相位旋转对称性（图 3–1–3a）。但是，当电子双双组成“库珀对”之后，失去了相位 360 度的旋转对称性，只留下两个元素 $Z2$ 群的对称性。U（1）到 $Z2$ 对称性的变化，改变了原来物质能带图中的费米面结构，从而形成了超导。

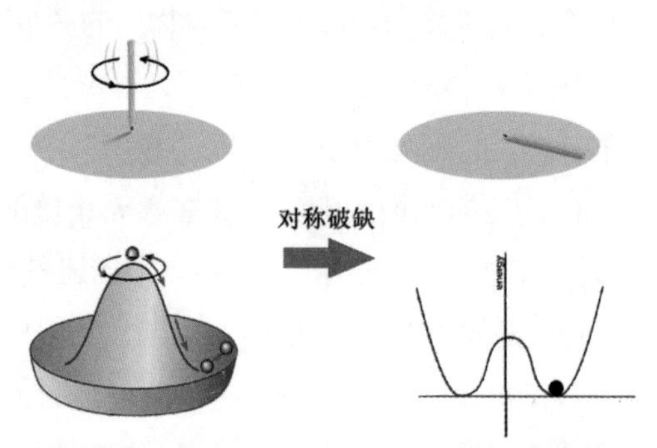

（a）自然规律的方程满足 U（1）连续群旋转对称

（b）方程的一个解真空态满足 $Z2$ 离散群

◎图 3–1–3　超导（BCS）的对称破缺（从 U〈1〉到 $Z2$）

BCS 理论中的对称破缺，与铅笔从平衡位置倒下十分类似。平衡的铅笔可以向任何一个方向倒下，类似于电磁作用中的基态不止一个，而是有无穷多个，类似物理规律具有旋转对称性。也就是说，铅笔的“基态”是“简并”的，无限多的。就“基态”的整体而言，但是铅笔往一边倒下后，便只能处于一个具体的“基态”，那时就没有旋转对称性了。

2008 年诺贝尔物理学奖得主中的另两位日本本土物理学家小林诚和益川敏英在对称破缺研究方向上更进一步。

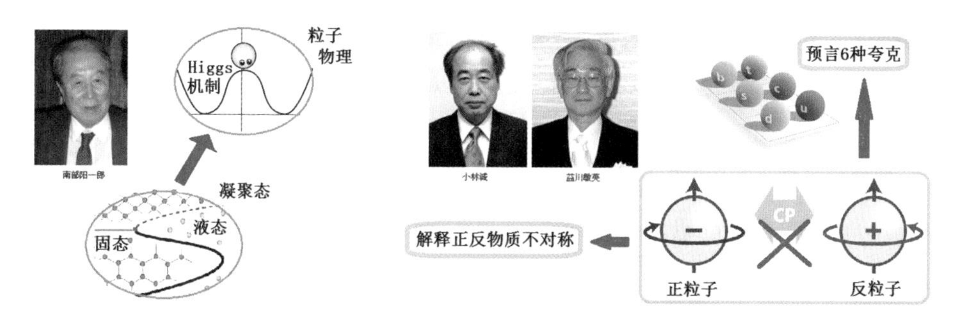

◎图 3-1-4　2008 年诺贝尔物理学奖得主

1973 年，29 岁的小林诚和 33 岁的益川敏英提出了“小林 – 益川理论”，解释宇宙演化过程中粒子多于反粒子的原因。他们研究了弱相互作用中 CP 对称性的破坏，认为粒子和反粒子之间除了电荷符号不同之外，还有一些微小的差异，这个微小差异引起 CP 自发对称破缺，从而使得正粒子和反粒子衰变反应的速率不同，之后造成正粒子数目大大多于反粒子。根据他们的理论，应该存在六种夸克，这种对称破缺机制才能起作用，而当时只发现了三种夸克，被预言的另外三种夸克分别在 1974、1977、1995 年被发现。

此外，在 2001 和 2004 年，美国斯坦福实验室和日本高能加速器分别独立地实现了小林 – 益川理论所描述的自发对称破缺机制，得到极为引人注目的实验证据。

值得注意的一点是，当初小林诚和益川敏英的论文，是发表在一个日本的物理专业杂志《理论物理进展》上，虽然用的是英语，但好几年都无人问津，幸好后来有人将此文介绍到物理界的主流社会，方才被大多数物理学家引用和知晓。

4. 希格斯机制

自发对称破缺展现了一个重要的科学结论：某些情况下，物理实验得到与自然规律（方程）不一样的结果，那不一定是“实验违背了规律”，而是因为方程描述一般情形，我们观察到的物理世界只是方程的一个解。这个解是方程整体对称性自发破缺后的结果。

回到前面说的质量问题：规范理论中粒子质量都为零，但现实世界中存在很多有质量的粒子。这些质量可能是来自自发对称破缺。这就是希格斯机制的想法。

也就是说，希格斯机制首先假设所有粒子都没有质量，这些粒子构造出漂亮的规范场理论，然后，再从规范理论之外去寻找一种方法，给所有的粒子加上它应该有的质量。于是，“产生质量”的各种方案应运而生，这其中，最简单的、大多数人最喜欢的一种，便是在 1964 年由三组研究人员独立提出的希格斯机制。

也不是一定要有 Higgs 粒子来提供质量，还可以有别的方法。例如，根据爱因斯坦相对论所得出的质能关系：$E=mc^2$，质量和能量是互相联系的。可以说质量的一部分可以来源于能量，这种质量便与 Higgs 粒子没什么关系。

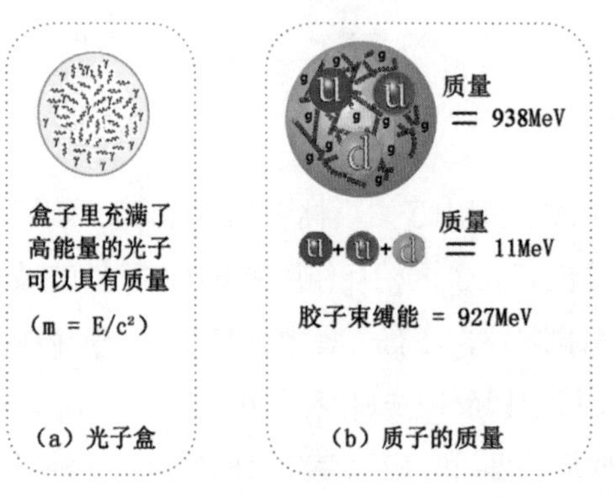

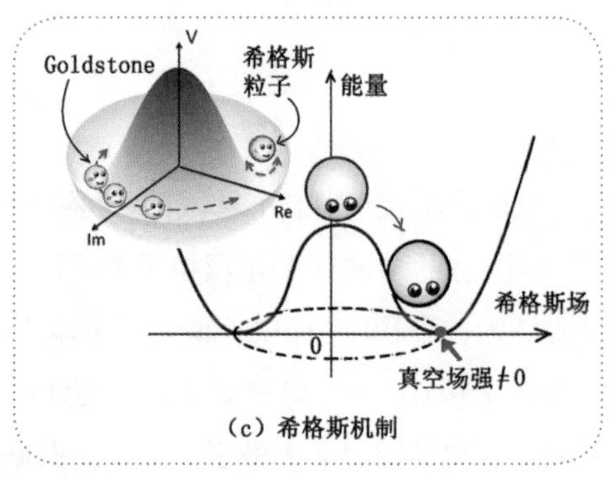

◎图 3-1-5　质量的来源

比如说，如图 3-1-5a，设想一个无质量的盒子，其中充满了不停地从四壁来回反射的光子。光子及盒子都没有静止质量，但是由于光子带有总能量 E，因而整个盒子可以有与能量相对应的 $m=E/c^2$ 的质量。

实际上，质子质量的绝大部分就是来源于与上述光子盒类似的机制。质子的静止质量为 938MeV，组成质子的三个夸克的总质量仅为 11MeV，剩余的 927 MeV 的质量从何而来呢？是来源于强相互作用的传递粒子“胶子”。胶子 g 和光子 γ 一样，没有静止质量，但质子中的许多胶子在一起运动和相互作用，因此而具有的束缚能，便是质子中绝大部分质量的来源。

如果空间中存在某种场，场与在其中运动的粒子相互作用。这种作用的结果便有可能改变运动粒子的能量，从而赋予粒子以相应的“质量”，这是希格斯机制能够赋予粒子质量的基本道理。

场的真空态是能量最低的状态。但是一般来说，能量最低的状态对应于场强为零。如果场的势能曲线比较特别，比如通常经常使用的所谓“墨西哥帽子”的形状（图 3-1-5c）。这时，能量最低的状态是无限简并的，即如图 3-1-5c 所示的墨西哥帽向下凹的一圈。这一圈的能量最低，但场强却不为零。希格斯场的真空态，便可以由这种势能曲线描述的系统，产生“自发对称破缺”而得到，就像图中所画的小球无法停在中间能量较高的不稳定位置，最后朝一边滚入到谷底某一点的情形。因此，希格斯机制假设真空中存在着场强非零的、稳定的希格斯场。这种场无处不在，无孔不入，质量为零的各种基本粒子身陷其中，与希格斯场相互作用，并且获得它应该具有的质量。

从现代场论的观点来看，场的激发态便表现为粒子。希格斯场的真空态有四种激发模式（图 3-1-5c 的左上图），其中沿着势能曲线对称轴绕圈的相位变化模式有三种，对应于三种质量为零的 Goldstone 粒子，这些粒子在与其他粒子反应时消失不见，叫作被“吃”掉了，只有一种沿着势能曲线“径向”振动的激发模式对应于有质量的场粒子，也就是被大家称之为“上帝粒子”的希格斯粒子。

综上所述，希格斯粒子解决了质量的问题，物理学家们得以在规范场的基础上建立标准模型理论，将除了引力之外的其他三种力，统一在同一个模型中。标准模型包括了 61 种基本粒子，而希格斯粒子是这些粒子中，最后一个被“发现”的。因此，希格斯粒子的发现，毫无疑问是验证标准模型的一个重要里程碑。

在我们所处的空间中，希格斯粒子所对应的场无所不在。有人打了一个很形象的比方，说希格斯场就像一场晚宴中的众多普通宾客充斥着空间，而其他粒子们就像晚宴中的重要客人，当任何一位这样的客人移动的时候，引起周围普通客人的围观和招呼甚至索要签名，使得他们难以移动，于是质量就增加了。

二、规范场论的故事

外尔

杨振宁

阿蒂亚

威滕

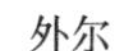
◎图 3-2-1　规范场论的大师们

和量子物理类似，规范场论不是一个人的功劳，而是许多位大师级科学家们集体创作的物理和数学真与美之结合。

1687 年，牛顿于他的《自然哲学的数学原理》一书中，首次发表了万有引力定律，这个理论将地上的重量和天上星体间的作用力统一在一起。从那时候开始，物理学家就做起了“统一梦”：企图将万事万物统一在一个单一物理理论的框架中。那么，所谓万事万物是些什么呢？以还原论的观点，最后都可以归纳为若干“基本粒子”以及这些粒子之间的“相互作用”。

迄今为止，物理学中公认的粒子若干，而基本相互作用只有四种：引力、电磁力、弱相互作用和强相互作用。因此，我们本节首先介绍描述相互作用的规范场理论，下一节介绍包括基本粒子的标准模型。

1. 外尔的错误模型

赫尔曼·外尔（Hermann Weyl，1885—1955）是德国数学家及物理学家，对数学和理论物理有杰出的贡献，被公认为是 20 世纪最有影响力的数学家之一。

数学家多少有几分诗人气质，外尔就给人这样的印象，也许是在神圣的数学王国中遨游，长期受美之熏陶所致，时不时会冒出几句诗意的话语。外尔曾经用“苏黎世一只孤独的狼”来描述被自己崇拜的偶像爱因斯坦批评时感觉失望和迷茫的心态。那是外尔研究统一场论时的一段故事。

外尔对“美”，有一种独特的欣赏方式，他特别欣赏自然界的对称美。外尔 20 世纪 50 年代初在普林斯顿大学作了一系列有关对称的演讲，后来写了一本名为《对称》的科普小书，广受读者欢迎。规范理论之诞生，便与外尔追求“对称统一美”的工作有关。

外尔曾任苏黎世联邦理工学院数学系的系主任，在那里和年长几岁的爱因斯坦是同事，也深受爱因斯坦的影响。在他 1918 年的《时间、空间、物质》一书中，外尔回溯了相对论物理的发展。同一年，他引入了“规范”（gauge，即尺度变换）的概念，并给出了规范理论最早的例子。

1933 年纳粹执政时，外尔也和爱因斯坦一样，相继避难于美国，成为普林斯顿高等研究院早期的重要成员。爱因斯坦追求统一场论数年未果，外尔则企图将爱氏有关统一的想法在某种程度上数学化。外尔用规范变换作了一个不成功的尝试：企图用时空的几何性质来统一描述电磁场和引力场。这虽然是一个错误的模型，但却开启了规范场理论进入物理学的大门。

四种相互作用中的强、弱相互作用仅存在于微观世界，人们在日常生活中最熟悉的、科学家们研究最成熟的，是引力和电磁力。当年的外尔，深切感受到广义相对论及麦克斯韦电磁理论既真又美。因此，外尔首先想到的便是，用他欣赏的规范理论，将这两者统一起来。

所谓“统一”，实质上就是寻求不同理论之间的某种对称性，而规范不变便是系统某种内在对称性的数学表达。

对称的意思就是在某种变换下不变，因而表述它的变量具有冗余性，有某些多余的东西。例如：我们说雪花的形状是六角对称的，意思是说当我们将它旋转 60 度、120 度、180 度等角度时，它的形状不变，因而可以只用它 1/6 的形状，便能描述整体。将这个概念用到物理上，就是说，物理理论中的某种内在对称，可以被描述为规范理论中的“规范不变”。

电路中“电压”的概念，是物理理论中具有冗余变量的通俗例子。大家都知道 220 伏特的交流电是危险的，接触到便会置人于死地，几万伏特的高压线就更不用说了。但是，诸位可能也注意到立于高压线上的鸟儿，却似乎一点儿危险也没有感到，仍然能够自由自在地活蹦乱跳，那是什么原因呢？

其原因是因为用“绝对的电压值”来描述电力系统具有某种冗余性。因为电力系统对绝对电压值的“平移”具有对称性。绝对电压，即鸟儿两个脚的 V_1 和 V_2，不是真正起作用的物理量，两点之间的“电压差”，$V=V_1-V_2$，才具有实在的物理效应。也就是说，用两个数值（V_1、V_2）来表示系统的危险性是多余的，只需要一个数值 V 就足够了。这也就是为什么在电路中（包括电子线路），“接地”的概念是很重要的原因。

用物理语言解释以上例子，可以说成是“电压具有平移规范对称性”。

重力场也具有与上述电力系统类似的平移规范对称性。父母们不太在乎小孩从他们五楼房间的床上往地板上跳，却不能容许孩子从五楼的平台跳到楼下的草地上。这儿的物理效应也是不管“绝对高度”，只取决于高度的相对差距而已。

同样类似的“规范”的概念可以搬到经典电磁场中，只不过比上述的“平移规范”具有更为复杂的形式。平移规范对称性是整体规范变换的实例，可以用电路接地，即定义一个整体的零点“地”来解决。电磁场规范变换则是局部时空场的变换，即随着时空点的不同而不同。

根据麦克斯韦电磁理论，电磁场可以用电场 E 和磁场 H 来描述，也可以用考虑相对论效应的 4 维电磁势 A 来更为方便地描述。但是，根据经典电磁理论，只有电场和磁场才与物理效应有关，电磁势与物理效应不是一一对应的，它具有一定冗余性，就像“绝对电压”很高的值并不能电死鸟儿一样，电磁势的值不完全等效于物理作用。经典电磁理论中，对于同样的电场和磁场，电磁势 A 不是唯一的，如果 4 维电磁势 A 作如下规范变换时，电场 E 和磁场 H 保持不变：

$$A \rightarrow A - \partial\theta(x)。\tag{1}$$

其中 θ 是一个任意函数，这说明对于描述同样的电磁场，4 维矢量势 A 不唯一。上文的规范变换一词，便反映了电磁系统用 4 维矢量势来表述电磁场时的冗余性。

外尔认为可以利用电磁势的这个冗余性。他的做法是：当 4 维电磁势 A 作如（1）的规范变换时，给广义相对论的时空黎曼度规 g_{ij} 乘上一个尺度因子 $\lambda(x)=e^{\theta(x)}$（注：度规 g_{ij} 的概念，将在第四篇中介绍）：

$$g_{ij} \rightarrow e^{\theta(x)} g_{ij}。\tag{2}$$

如此得来的新度规，在形式上可以包容电磁场，数学上看起来非常美妙，闪耀着新思想的火花。然而，当外尔兴致勃勃地将他的文章寄给爱因斯坦后，得到的反馈却不怎么的。爱因斯坦一方面赞赏外尔几何是“天才之作、神来之笔”；一方面又从物理的角度，强烈批评这篇文章脱离了物理的真实性。因为从物理上讲，外尔在度规函数中引入一个任意的函数 $\lambda(x)$，即相当于在 4 维时空中的每一个点都可以有任意不同的长度单位和时间单位，也就是有任意不同标度的钟与尺，这在物理上是不可能被接受的。因此，外尔企图统一电磁和引力的模型失败了，尽管它具有数学之美，却失去了物理之真！

2. 电磁场——第一个规范场

爱因斯坦的反对意见使外尔失望，却也激励了他求真求美的进一步兴趣。外尔好友薛定谔对量子力学的研究也深深影响了他。后来，外尔带着“量子”的新武器，再次返回到规范场这个课题，并将其原来的理论作了如下两点改变：

1. 规范变换不是作用在度规张量 g_{ij} 上，而是作用在电子标量场 φ 上；

2. 在原来变换中尺度因子的指数上，乘了一个 i，也就是 -1 的平方根。

这一次，聪明的外尔回避了“老大难”的引力场统一问题，转而研究电磁场和电子的相互作用。此外，外尔将原来的规范因子，乘上了虚数 i，改变成了电子波的“相”因子，意味着引入了电子的波动性，进入了量子力学！

在上述两点改变下，外尔的电磁规范变换成为以下由两个变换组成的联合运算：

$$\varphi \rightarrow e^{iq\theta(x)}\varphi,\ A \rightarrow A - iq\partial\theta(x)。\tag{3}$$

（a）经典电子只感觉到场强
不知电磁势及规范变换为何物

（b）量子的电子感受到规范变换
并追随她一起变换

◎图 3-2-2 经典规范变换和量子规范变换之不同

图 3-2-2 的（a）和（b）分别直观地说明了经典规范变换（1）和量子规范变换（3）之不同。经典电磁场的规范变换，只是电磁势 A 自己变换，然后使得 E 和 B 变化而引起电子所受作用力 F 的变化，电子完全处于被动的位置。量子理论中的规范变换，将电子场 φ 的相因子变换，以及电磁势 A 的补偿变换结合起来，电子不再是被动的，而是通过电子场与电磁场相互作用，两者一起变换。

公式（3）中，为简单起见，将电子的场函数 φ 取为标量函数，但实际上，它是代表薛定谔方程（或狄拉克方程）的解，不一定是标量。此外，量子规范变换（3）仅与粒子的电荷 q 有关，实际上，物理学家为了方便起见，一般采用一种特别的单位，称之为自然单位，其中令约化普朗克常数 $\hbar$ 和光速 c 都为 1。

改进后的外尔规范理论，已经不是原来的尺度变换理论，而变成了“相因子变换”理论。它没有了爱因斯坦当年所批评的“钟和尺”不确定的问题，被成功地应用于量子电动力学中，为实验所精确证实。4 维矢量势 A，也正确地描述了与电子相互作用的电磁场。在量子理论中，电子场 φ，或者是波函数 $\varphi(x)$ 表示的是电子的概率幅，它的绝对值的平方是电子在时空中某一点出现的概率，而复数相位的绝对大小没有物理意义，有意义的只是不同时空点之间的相位差，它影响到概率波的干涉效应。将概率幅乘上一个相因子 $e^{iq\theta(x)}$，意味着概率幅的相位变化了一个角度 $q\theta(x)$，对计算概率丝毫没有影响。

在规范变换作用下，如果能使得物理规律保持不变而引入的场，被称之为规范场；如果物理规律符合量子理论，便是量子化的规范场。

因此，符合变换（3）的电磁场是第一个量子规范场。根据诺特定理，对称与守恒相对应。量子化电磁场的规范不变对称性，对应于电荷（q）守恒定律。使用群论的语言，相因子对称也就是 $U(1)$ 群对称。酉群 $U(1)$ 是 1 维复数群，与实数 2 维空间的旋转群 $SO(2)$ 同构，也就是说，电磁规范场符合 $U(1)$ 对称，或旋转对称。

3. 杨－米尔斯－非阿贝尔规范场

2 维旋转 $U(1)$ 是可交换的，被称为阿贝尔群。大多数对称性对应的是更为复杂的、不能交换顺序的非阿贝尔群。例如我们所知道的：3 维旋转群就是不能交换顺序的“非阿贝尔”群。当物理学家们试图将电磁规范场推广到另外两种相互作用（强弱）时，便碰到了非阿贝尔规范场的问题。这个问题最后被杨振宁和米尔斯首先突破。因此，之后便将非阿贝尔规范场称为杨－米尔斯场。

1949 年春天，杨振宁（Chen–Ning Franklin Yang，1922 年—）前往普林斯顿高等研究院做研究。同一年，外尔退休离开了普林斯顿，杨振宁搬进了外尔的旧居，并成为高等研究院的永久成员。

杨振宁不仅接租了外尔的房子，还接替了外尔在理论物理界的位置，按照戴森的说法，成为理论物理界的一只领头鸟。更有趣的是，杨振宁非常感兴趣外尔在规范理论方面的工作。这个共同的兴趣，共同的对物理真及数学美的追求，激励他之后对外尔的规范理论作了一个漂亮的推广。

四种相互作用中的电磁力和引力是长程力，作用范围大，因此日常生活中就能感觉到，另外两种是短程力，只表现于微观世界。弱力在 beta 衰变中存在，费米在 20 世纪 30 年代对其作出最早的描述。对强相互作用的认识始于 1947 年发现与核子作用的 π 介子及其他“强子”（强相互作用的粒子）。强作用比弱相互作用的力程长（约为 10^{-15}m），作用最强（电磁力的 137 倍），它是核子（质子或中子）之间的核力，是使核子结合成原子核的相互作用，因而成为当时研究者的首选。

强相互作用比其他三种基本作用有更大的对称性，需要有新的物理学说来解释此一现象。这点正好符合了杨振宁要推广规范场的想法。

1953—1954 年，杨振宁暂时离开高等研究院，到纽约长岛的布鲁克海文实验室工作一段时期，正好和来自哥伦比亚大学的博士生米尔斯使用同一个办公室。布鲁克海文实验室有当时世界上最大的粒子加速器，世界各地也不断传来多种介子被陆续发现的消息，这些实验使得两位物理学家既振奋又雄心勃勃，杨振宁迫切感到需要寻找一个描述粒子间相互作用的有效理论，他对规范理论的思考也有了重大的突破。他和米尔斯认识到描述同位旋对称性的 $SU(2)$ 是一种“非阿贝尔群”，与外尔的电磁规范理论的对称性 $U(1)$ 完全不同，需要进行不同的数学运算。

比如，将 4 维电磁矢量势 A，推广到杨 – 米尔斯场的情况时，用 B 来表示。A 是电子场的势，B 是杨 – 米尔斯场的势。因为杨 – 米尔斯场描述的对象是两个分量的同位旋，与其相对应的 B 也不是原来类似 A 的矢量场了，成为 2×2 的矩阵场 B。而 2 维矩阵是不对易的，因而，在相应的张量 $F_{\mu\nu}$ 表达式中需要加上一项对易子（见图 3–2–3）。

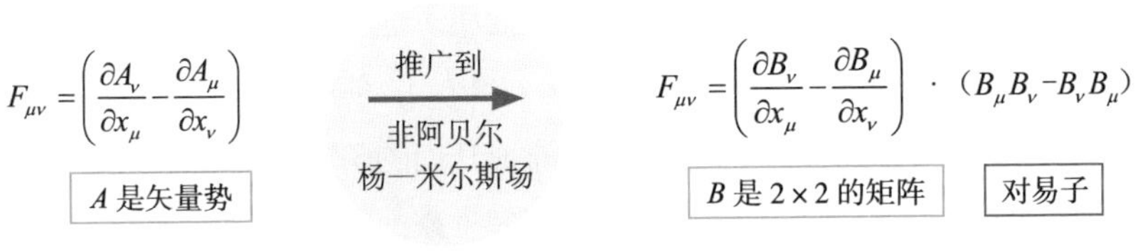

$$F_{\mu\nu}=\left(\frac{\partial A_\nu}{\partial x_\mu}-\frac{\partial A_\mu}{\partial x_\nu}\right)$$

A 是矢量势

推广到

非阿贝尔

杨—米尔斯场

$$F_{\mu\nu}=\left(\frac{\partial B_\nu}{\partial x_\mu}-\frac{\partial B_\mu}{\partial x_\nu}\right)\cdot(B_\mu B_\nu-B_\nu B_\mu)$$

B 是 2×2 的矩阵　　对易子

◎图 3–2–3　从电磁规范场到非阿贝尔规范场

杨振宁和米尔斯认识到这点，加上对易子一项。杨振宁在回忆中说：“我们知道我们挖到宝贝了！”通过两人卓有成效的合作，他们在《物理评论》上接连发表了两篇论文，提出杨 – 米尔斯规范场论。

寄出文章之前，1954 年的 2 月，杨振宁应邀到普林斯顿研究院作报告，正逢泡利在高研院工作一年。当杨在黑板上写下他们将 A 推广到 B 的第一个公式时，被称为“上帝鞭子”的泡利开始发言了：“这个 B 场对应的质量是多少？”这个问题问得杨振宁一身冷汗，因为它一针见血地点到了他们的“死穴”。之后泡利又问了一遍同样的问题，杨只好支支吾吾地说事情很复杂，泡利听后便冒出一句他常用的妙语：“这是个很不充分的借口。”当时的场景使杨振宁分外尴尬，报告几乎作不下去，亏得主持人奥本海墨出来打圆场，泡利方才作罢，之后一直无语。

泡利尖锐的评论，说明他当时已经思考过推广规范场到强弱相互作用的问题，并且意识到了规范理论中有一个不那么容易解决的质量难点。因为规范理论中的传播子都是没有质量的，否则便不能保持规范不变。在电磁规范场理论中，作用传播子是光子，光子正好本来就没有质量。但是，强相互作用不同于电磁力，电磁力是远程力，强弱相互作用都是短程力，短程力的传播粒子一定有质量，这便是泡利当时所提出的问题。这个质量的难题，让规范理论默默等待了 20 年！

如前一节中所述，之后的希格斯机制，解决了这个质量问题。

4. 数学家们

杨 – 米尔斯（Yang–Mills）规范理论，不仅仅是物理学中标准模型的基础，还颇受数学家们的青睐，对于纯粹数学的发展，起到了一定的推动作用。

规范场论中的规范势，恰是数学家在 20 世纪 30 至 40 年代以来深入研究过的纤维丛上的联络。这个联系激起了数学家对规范场方程进行了许多深入的研究。

迈克尔・阿蒂亚爵士（Sir Michael Francis Atiyah，1929—2019），黎巴嫩裔英国数学家，他在 1966 年荣获菲尔兹奖，被誉为当代最伟大的数学家之一。

阿蒂亚的早期工作主要集中在代数几何领域。20 世纪 70 年代后他的兴趣转向规范场论，着力研究瞬子和磁单极子的数学性质。他出版的专题文集《杨—米尔斯场的几何学》（Geometry of Yang–Mills Fields），使众多数学家对规范场日益重视。近三十年来，他对低维拓扑和无穷维流形几何的研究，在量子场论和弦理论的研究中，深刻影响了爱德华・威滕等数学物理学家。

1990 年的国际数学家大会有四位菲尔兹奖获奖者：德林菲尔德、琼斯、森重文、威滕。他们之中除了森重文以外，有三人的工作都和杨 – 米尔斯场有关。其中的威滕（Edward Witten，1951—　）是理论物理学家，对弦论做出了杰出的贡献，我们将于以后介绍。

三、标准模型建立

当年杨 – 米尔斯理论的原意是要解决强相互作用问题，尽管这个目的没有立即达到，却构造了一个非阿贝尔规范场的模型，为所有已知粒子及其相互作用提供了一个框架和基础。

相互作用种类不多，迄今只归纳为四种。然而，它们的发现过程，伴随着数目要多得多的各类粒子的发现。那么，显然就有了一个问题：这几百种粒子中，哪些能被算成是“基本粒子”呢？

为了回答上述问题，在规范场理论的基础上，物理学家们建立了标准模型。

1. 粒子动物园

卢瑟福 1908 年的散射实验确立了电子绕核旋转的原子核式结构，发现了质子、中子等，被称为“核子”。对核子的研究又导致了强相互作用的发现。紧接着，20 世纪 30 年代发明并开始建造高能回旋粒子加速器之后，许多新粒子不断被发现。其中包括轻子、介子，还有各种反粒子等，它们的品种日益增多，令人目不暇接。到了 20 世纪 60 年代，观察到的不同粒子高达二百多种。被科学家们笑称为“粒子家族大爆炸”。接二连三涌现的粒子新品种，使实验物理学家们兴奋雀跃，也使得理论物理学家们一筹莫展。

实际上，从 20 世纪 50 年代开始，理论物理学就一直充满了挫折与困惑。40 年代末量子电动力学的成功曾给物理理论带来了一段蓬勃发展的灿烂时期，但在电子光子相互作用上颇为成功的量子场论，搬到“强弱”相互作用上很快就遇到了困难。对弱相互作用而言，为了拟合 β 衰变的实验数据而建立的四费米子理论，只适合低能情况，且无法用原来的重整化方法消除无穷大。并且，弱作用还经常表现出与众不同的“不守恒”，三位华裔科学家——李政道、杨振宁、吴健雄，联手攻克的“宇称不守恒”就是一例。对强相互作用，当时有一个汤川理论，可以消除无穷大的困难，但由于相互作用太强，使得具体计算中的微扰论无法应用。总之，种种问题使量子场论的研究一度陷于低谷。

与此同时，日益壮大的“粒子动物园”，又使物理理论面临着与 19 世纪中期化学家们同样的困境，急需一个类似于“元素周期表”的“粒子表”来分类和整理这些粒子。这些难题困惑着理论物理学家，直到 20 世纪 70 年代的标准模型建立，将大多数粒子看作是少数基本粒子的复合粒子后，才逐渐理清了这种混乱的局面。

有人说，危机就是契机，历史总是这样反复玩弄“危机—契机”的花招来折磨科学家，它用危机吓唬老一辈，将契机留给年轻人。量子理论的发展历史就是一代又一代年轻物理学家争奇斗艳的历史。类似于 20 至 30 年代，60 至 70 年代也是一个伟大的时代：实验物理学家和理论物理学家紧密合作，经历了许多错误和挫折，也做出了一些重大的发现。

重大的、里程碑式的进步想法有三个，除了本系列已经介绍过的对称自发破缺和杨—米尔斯规范理论之外，另一个是对强子的分类及之后的夸克模型。

2. 八正法和夸克模型

粒子动物园中，包括很多与强相互作用相关、寿命超短（$\sim10^{-23}$ 秒）的共振态粒子，它们和中子质子一起被称为“强子”。强子种类之多和其间相互作用之强吸引了很多年轻物理学家们的兴趣，默里·盖尔曼（Murray Gell-Mann，1929—2019）就是其中之一。

盖尔曼出生于纽约曼哈顿，是早年从奥匈帝国移居美国的犹太家庭的后代。盖尔曼记忆超群、兴趣广泛、语言能力极强，曾被同学们誉为“百科全书”。他本来特别喜欢花鸟虫草，各种植物动物，但一不小心误闯入了理论物理的象牙塔中。盖尔曼在耶鲁读本科，麻省修博士，又到著名的普林斯顿研究院待了一年，那正是爱因斯坦在那儿闭门营造统一梦的日子。1952 年，盖尔曼来到芝加哥大学的费米手下工作，并开始对强相互作用发生了兴趣。

提出“奇异数”的概念是盖尔曼对强相互作用所做的第一项重要贡献。后来，盖尔曼转到加州理工学院，和比他大十岁的费曼一起工作，这一对天才，成为 20 世纪 50 至 60 年代物理界最耀眼的明星。许多物理思想在两位对手间激烈的竞争和永无休止的争吵辩论中发展成熟起来，据说这成为加州理工学院物理系的传统风格。包括温伯格在内的物理学家对那儿强烈的“攻击性”和“战斗性”都有所体会——到那儿去作报告时务必得做好长时间“激战”的准备！

1954 年，杨振宁和米尔斯提出杨—米尔斯非阿贝尔规范理论的初衷，也是企图解决强相互作用的问题。他们用 $SU(2)$ 碰到的困难启发了盖尔曼：粒子动物园中强子太多，强子的对称性或许要用比 $SU(2)$ 更复杂一些的群来描述。聪明的盖尔曼选中了 $SU(3)$，这是一个有八个参数的李群。

从八这个数字，盖尔曼联想到佛教术语“八正道”（图 3–3–1a），又想到自旋为 1/2 的重子正好也有八个。于是，盖尔曼将这八个重子按照奇异数和电荷数的不同，排列成了一个正六边形图案（图 3–3–1b）。在图 3–3–1b 中，S 是奇异数，表示纵向坐标，斜向的对角线表示粒子具有相同的电荷。接着，盖尔曼如法炮制，又将不同种类的介子也排成了八个一组的正六边形（图 3–3–1c），得到了他称之为“八正法”的模型。

（a）佛教的八正道

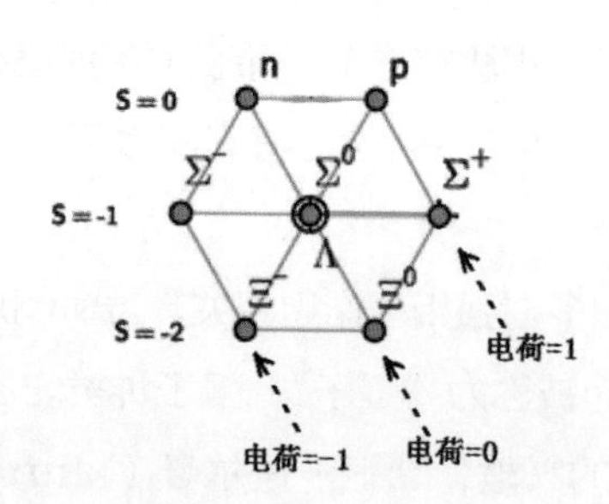

（b）重子的八重态表示

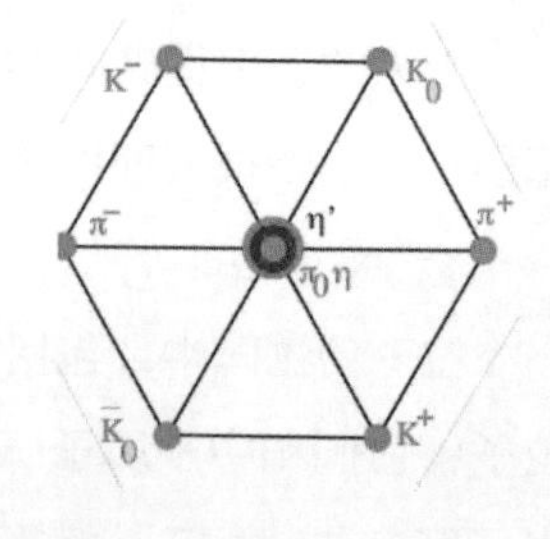

（c）介子的八重态表示

◎图 3–3–1　盖尔曼的八正法

盖尔曼发现，虽然 $SU(3)$ 群是 8 阶李群，但它的表示并不是只限于 8 重态，还有十重态、27 重态等，这些表示又代表哪些粒子呢？开始时，盖尔曼想把“粒子动物园”中的强子成员尽可能地排列到 $SU(3)$ 群的表示中。但后来感觉不能这样没完没了地排下去，上百个粒子，要排到何年何月啊。此外，盖尔曼注意到，$SU(3)$ 还有一个最简单的 3 重态表示，似乎 $SU(3)$ 的其他表示都可以用 3 重态的图案（图 3–3–1 中的三角形）扩展构造而成。这些事实，又使得数字“3”经常浮现在盖尔曼的脑海里。

看起来，数字“3”与强子的构造一定有点儿关系。质子和中子为什么不可以是由三个更基本的粒子构成的呢？让物理学家们在这个念头上止步的原因与电荷有关，因为这个理论需要假设这些更“基本”的砖块具有分数电荷，比如 1/3 个电子电荷。可是，在实验中谁也没见过分数电荷。但没见过的东西不等于不存在，历史上这种事情多的是。最后，盖尔曼终于越过了这个“坎”，开始用这些带分数电荷的东西来构建理论，并且给它们起了一个古怪的名字“夸克”。它来自盖尔曼当时正在读的乔伊斯的一本小说，盖尔曼欣赏其中的一句:“冲马克王叫三声夸克！”“夸克”这个名字太好了，念起来声音响亮，含义带点莫名其妙的色彩，又与数字“3”有关，真是一个恰当的名字！

于是，经过了多次的反复和犹豫之后，盖尔曼于 1964 年提出了夸克模型，认为每个重子由三个夸克（或反夸克）组成，每个介子都由两个夸克（或反夸克）构成。但是，实验中从未观察到单独的夸克，这点可由“夸克禁闭”的理论来解释。1968 年，斯坦福大学的 SLAC 用深度非弹性散射实验，证明了质子存在内部结构，也间接证明了夸克的存在。之后，又有更多的实验数据验证了强子的夸克模型。盖尔曼因为他对基本粒子的分类及其相互作用的贡献，单独获得了 1969 年的诺贝尔物理学奖。

盖尔曼获诺奖是实至名归，因为他对粒子物理做出了杰出的贡献。不过，强子分类也不完全是他一人的功劳。盖尔曼并非唯一的一个，也不是第一个用 $SU(3)$ 群研究强子的人。日本的坂田昌一研究小组在 20 世纪 50 年代就提出基于 $SU(3)$ 的坂田模型，他们将质子、中子和 ✪ 粒子作为基本砖块，企图构成其他的重子。在盖尔曼提出八正法的同一年（1961 年），以色列的内埃曼（Yuval Ne'eman），也独立地开发出一套相近的理论。两人还几乎同时独立地用他们各自的理论，预言了 Ω^- 粒子的存在。这个粒子在1964年被发现，这是对八正法模型的强有力支持。

真是无巧不成书，盖尔曼提出夸克模型的同时，另一位出生于莫斯科的犹太裔美国物理学家乔治·茨威格（George Zweig）也独立提出了类似的模型。当然不会也叫“夸克”，茨威格将其称为“艾斯”（Aces）。果然是“英雄所见略同”，也由此可见，夸克的引入是粒子物理学的一项重要里程碑。遗憾的是，后来茨威格没有继续物理研究，而是转向了神经生物学。

3. 弱电统一

规范场论结合希格斯机制的典型应用，是解决了弱相互作用与电磁作用的统一问题。

比较人类早就熟悉的电磁作用而言，强相互作用是电磁作用的 137 倍，而弱作用比电磁作用要小 11 个数量级，即 $F_{弱}=10^{-11}\times F_{电磁}$。

电磁和引力的作用范围直至无穷远，强力范围在 10^{-15} 米之内，而弱力只在 10^{-18} 米的距离内有作用。弱力研究非常不易，因为它比强力小得多（小 13 个数量级），作用范围更短（3 个数量级）。不过，在统一的意义上，却是首先有了弱力和电磁力的统一，这要归功于 1979 年的三位诺贝尔物理学奖得主以及他们的前辈。

史蒂文·温伯格（Steven Weinberg，1933—2021），与中学同班同学谢尔顿·格拉肖（Sheldon Glashow，1932—　），还有阿卜杜斯·萨拉姆（Abdus Salam，1926—1996）一起，用规范理论解决了弱电统一问题 $U(1)\times SU(2)$，由此三位共同获得了 1979 年的诺贝尔物理学奖。

The Nobel Prize in Physics 1979

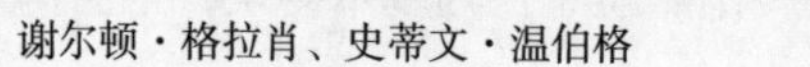

阿卜杜斯·萨拉姆

◎图 3-3-2　1979 年的诺贝尔物理学奖得主

这三位物理学家非同一般，其中的两位——格拉肖和温伯格，是美国物理学家。难得的是，他们都出生于纽约的犹太移民家庭，并且，两位还是高中同班同学，同毕业于那所著名的、有八位校友获得诺贝尔奖（其中七位物理奖）的纽约布朗克斯科学高中，之后两位又同时进入了康奈尔大学读本科。两位在读博士时分道扬镳，但后来又走上了同样的研究方向。1979 年物理诺奖得主的另一位，是巴基斯坦物理学家萨拉姆。他是首位穆斯林诺贝尔科学奖得主，也是首位巴基斯坦籍诺贝尔奖得主。

其中，格拉肖在哈佛读博士时，师从著名物理学家施温格。施温格最早提出了电弱统一理论的想法。1961 年，格拉肖使用杨 – 米尔斯规范理论，推广了施温格的模型，用 $SU(2)\times U(1)$ 群统一描述弱电作用，但留下了规范场的质量问题尚未解决。电磁场的传播子是无质量的光子，意味着其代表的相互作用的强度随着距离增加多项式衰减（势场变化 $1/r$）。因此，电磁力是长程力，而弱作用（短程）的衰减规律是 e^{-mr}/r，其中的 m 不为零，是传播子的质量。

直到 1967 年，希格斯机制已经问世，温伯格和萨拉姆分别独立地首先将它应用来发展了一种弱、电统一理论。这种统一理论后来被称为量子味动力学（QFD）。它确定了电弱统一的规律由 $SU(2)\times U(1)$ 描述，存在四种作用传播子：光子、W^+和 W^-粒子、Z^0 粒子，其中 W 粒子和 Z 粒子是传播弱作用的粒子，都具有较大的质量（大于质子质量的 100 倍）。弱电模型预言的 Z 粒子引发的中性流于 1973 年被中微子散射实验发现（1978 年最后证实）。于是三位科学家赢得了 1979 年的诺奖。之后，W 和 Z 粒子均在 1983 年被西欧核子研究中心庞大的超同步质子加速器发现，另有 Veltman 和他的学生 't Hooft 用路径积分方法完成了弱电理论的重整化。这些成果，更进一步证实了弱电理论的正确性。

4. 标准模型

类似于量子电动力学（QED），强相互作用可被基于 $SU(3)$ 规范对称性的量子色动力学（QCD）描述。因此，在众多物理学家们的努力下，将除了引力之外的电磁及弱强作用，用规范理论，即对称群 $U(1)\times SU(2)\times SU(3)$ 统一起来，并在此基础上建立了标准模型。

在夸克模型基础上建立了量子色动力学（QCD）之后，标准模型便基本成型了。在此不详细介绍 QCD，仅略微浏览一下标准模型。

首先要明确澄清一下什么叫“基本粒子”。基本粒子被定义为是组成物质的最基本单位。其内部结构未知，所以也无法确认是否由其他更基本的粒子所组成。由上述定义可知，基本粒子的概念是随着科学技术的发展而改变的。例如，20 世纪中期，基本粒子是指质子、中子、电子、光子和各种介子，因为这是当时人类所能探测到的不可分的最小粒子。然而，之后随着实验和理论的进展，物理学家们认为质子、中子、介子是由更基本的夸克和胶子等组成，因而将粒子重新分类，成为图 3–3–3 所示的标准模型。

从图 3–3–3 可见，基本粒子分类并不复杂，比元素周期表看起来简单多了。首先，从自旋的角度，所有的微观粒子分为两大类：费米子和玻色子。自旋为半整数的粒子为费米子，自旋为整数的粒子为玻色子。

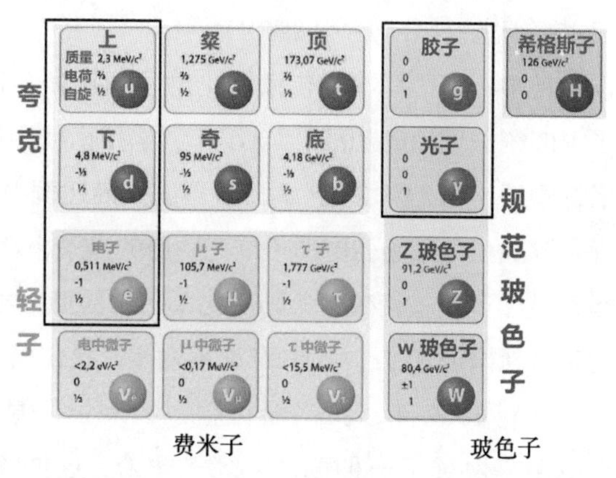

◎图 3–3–3　粒子物理的标准模型

基本粒子的总数目有62种，但从图中所示的大框架来看，主要方块中只有 4×4=16 类基本粒子，12 类费米子和 4 类玻色子。加上各种反粒子，再加上希格斯玻色子，共 61 种，如果再考虑尚未包括到标准模型中的引力子的话，便是 62 种。

图中左边 12 类费米子按四个 1 组，分别成为夸克和轻子的三代家族。只有第一代家族的四个粒子——上夸克、下夸克、电子、电子中微子，是构成通常可见物质的基本砖块，其他两代家族，都与常见物质无关，并且它们算是第一代家族衍生出来的更重的版本。因此，除了专门的粒子学家之外，我们可以暂时不去了解它们，也没有必要记住它们。

质子和中子不再被认为是物质的基本单元，它们属于复合粒子，由更小更为基本的夸克和反夸克构成。每个质子由二个上夸克和一个下夸克组成，每个中子则由一个上夸克和二个下夸克组成。

比较复杂一点儿的是 4 类玻色子（12 种），它们是相互作用的传递媒介粒子。

玻色子中，列于最上面的胶子（gluon）用符号 g 表示，是夸克之间强相互作用的传播粒子。胶子场是 SU（3）群，有八个生成元，因而胶子有八种，胶子的自旋是 1。胶子之下是光子，在图 3–3–3 中用符号 γ 表示，它是电磁相互作用的传播粒子。电磁场符合 U（1）对称性，U（1）有一个生成元，因而对应的传播子

（光子）只有一种，光子的自旋为 1。然后，Z 粒子和 W 粒子是传播弱相互作用的，共三种。

图 3–3–3 的最右上方，是曾经介绍过的希格斯玻色子。希格斯粒子是质量的来源。

第四章

引力之谜

YINLI ZHI MI

“自然之道，暗中隐藏。帝遣牛顿，人间亮堂！”

—— 英国诗人 A.Pope（作者译）

上一篇中介绍的标准模型，成功地应用于“电磁、强、弱”三种相互作用，但唯独对顽固不化的引力作用无能为力。将引力作用与标准模型统一起来，是弦论的目标之一。

一、顽固的引力

引力是人类很早就认识，并最早给予理论模型的相互作用，1687 年，牛顿在《自然哲学的数学原理》一书中提出了万有引力定律。

爱因斯坦在 1915 年提出的广义相对论，把引力理论向前推进了一大步。广义相对论将引力与时空联系起来，解释为空间时间的弯曲。然而，即使当年的爱因斯坦也小看了引力的顽固本性，以为经典的广义相对论加上数学，就解决引力问题了。因此，早年研究引力的多是数学家。之后，约翰·惠勒和他的学生们创造出了许多直观而又极富想象力的名词，诸如黑洞、虫洞、蛀孔、引力奇点、量子泡沫等，如此才激起了物理界对引力理论的兴趣。然而，至今为止，引力仍然是困扰人类最久最浓的一团迷雾，尚无完满的答案。

爱因斯坦去世后，“广相”及黑洞的研究风行一时，活跃在当年的“黑洞研究”学术界的，是三位主要的带头人和他们的徒子徒孙。这三位物理学家是美国的惠勒、莫斯科的泽尔多维奇（Yakov Borisovich Zel'dovich，1914—1987）、英国的夏玛（Dennis Sciama，1926—1999）。

引力的顽固性，主要表现在与量子物理水火不相容。粒子物理的标准模型，将除引力之外的其他三种相互作用统一在一个理论中。20 世纪 70 年代，惠勒的学生雅各布·贝肯斯坦建立的黑洞熵概念，启发霍金研究黑洞辐射，开启了量子力学应用于引力理论的大门。从此后，不少物理学家致力于引力和量子的统一，倾注了大量心血甚至毕生的精力，然而，几十年过去，这方面仍然所获甚少。

20 世纪 80 年代初，笔者到美国德克萨斯州奥斯汀大学的物理系相对论中心读博士，当时那儿荟萃了研究广义相对论和引力的好几位大师级人物，包括引力研究三位领军者中的惠勒和夏玛。惠勒是费曼的老师，夏玛是霍金的老师。此外，还有引力量子化的奠基人布莱斯·德威特以及属于年轻一辈的菲利普·凯德拉（Philip Candelas）等。之后又来了诺贝尔奖得主，写《最初三分钟》一书的温伯格教授、波钦斯基（Joseph Polchinski，1954—2018）等。

笔者在奥斯汀曾和惠勒在一起工作过，颇感受益匪浅。记得惠勒平时的言语中充满哲理：没有定律的定律、没有物质的物质。惠勒总是善于用形象而发人深思的词汇来命名物理学中的事物，黑洞的名字便是典型一例。后来，他又提出并命名了“黑洞无毛定理”等。

有人将布莱斯·德威特誉为“量子引力之父”。他是早期移民美国的犹太人后代，对量子场论也有所贡献。布莱斯从 1948 年在哈佛读博士开始，论文课题就是量子引力方面的研究，一直到 2004 年去世，他在五十多年中的奋斗目标始终是试图将量子和引力统一起来，可谓为研究引力鞠躬尽瘁，奋斗不已。

英国物理学家丹尼斯·夏玛，是斯蒂芬·霍金的老师，是天体物理和宇宙学方面的专家。夏玛从 1978 年到 1983 年，每年有一半的时间待在奥斯汀。记得当时，他和他的一个学生艾德里安·梅洛特（Adrian Mellot），对暗物质的研究特别感兴趣。暗物质至今也无解。

第二篇曾经介绍过笔者的指导教授塞西尔·德威特，她是布莱斯·德威特的夫人，数学物理方面的专家。笔者当时跟她作引力波的黑洞散射问题的研究，亲历这几位教授和他们的学生为统一引力和量子理论而奋发科研的艰难过程。

致力于统一广义相对论与量子理论的物理学家们，当年基本分成两派：从广义相对论出发来统一量子的一派，以及从量子出发，再加上引力的另一派。前面一派之后发展成为圈量子引力理论；另一派基于量子场论，最后发展成弦论。奥斯汀当年的几个年轻一辈，包括凯德拉斯和波钦斯基，后来都成为弦论研究中的重量级人物。

引力在四种相互作用中强度最弱，但研究过程最久最困难。引力涉及之物质范围最广，凡具有质量的物体之间便有引力存在。弦论最终是否能成功地解决引力问题，也许只有时间才能告诉我们答案了。

二、弯曲的时空

广义相对论认为，只要有物质存在，时空就会弯曲，因此，我们生活的四维时空是弯曲的，见图 4–2–1。

从广义相对论的角度看，物质和时空不可分割、互相影响。物质使得时空弯曲，时空决定了物质的运动。可以用图 4-2-1 的通俗比喻来解释引力。时空就像图中的巨大网格，真实的时空网格是 4 维的，我们用图中的 2 维网格代替它，右边（隐藏的）重物使该处的网格下陷，也就是时空不再平坦，而是右边弯曲下去形成了一个洞。因此，小球向洞中滚去，骑自行车的爱因斯坦也只能借助于作圆周运动的离心力与指向洞心的引力平衡。

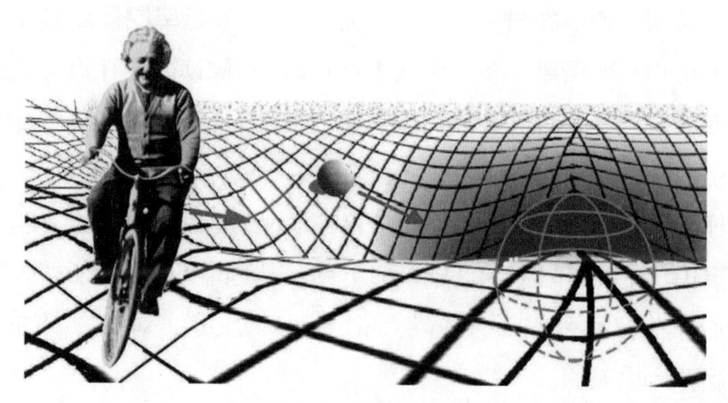

◎图 4-2-1　物质使时空弯曲

以上便是广义相对论描述的引力图景。与牛顿不同，爱因斯坦完全从物理和哲学的角度思考，用几何理论来思考引力。他扩展了等效原理，意识到我们生活的时空是弯曲的，并且折腾了三四年寻找描述弯曲时空的数学。最后，却发现“得来全不费工夫”！爱因斯坦的同学兼好友格罗斯曼，将描述弯曲空间的黎曼几何（见下一节）介绍给了他。这才使爱因斯坦摆脱了困境，顺利建立了广义相对论。爱因斯坦惊奇不已地发现，这个与他的要求完美契合的数学理论，早在广义相对论诞生的五十多年之前就被发展完善等待在那里了。

总之，广义相对论将引力与时空几何联系起来，正如相对论专家约翰·惠勒解释的：时空告诉物质如何运动，物质告诉时空如何弯曲。

广义相对论中的引力场方程：

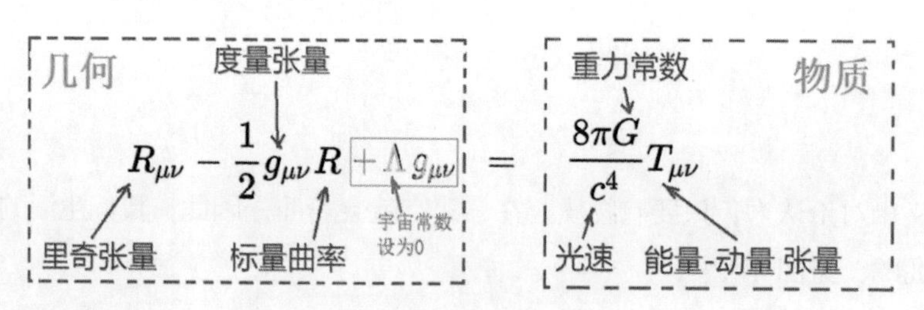

◎图 4-2-2　爱因斯坦引力场方程

图 4-2-2 所示的引力场方程，也称爱因斯坦方程，是一个张量方程。有关张量数学请参阅附录 A.6。等号右边的能量动量张量描述物质分布情况，左边是表示时空弯曲情形的度规张量 g 以及曲率张量 R。也就是说，方程右边的张量表示的是物质，左边张量表示时空几何。注意方程中将宇宙常数项设为零。这是当年爱因斯坦加上又后悔的那个“错误”，现在被人们解释为暗能量的可能来源，这儿暂不予考虑。

时空的弯曲程度用曲率表示，曲率可以从度规计算而得到。更为具体地说，曲率用黎曼曲率张量表示。不过，引力场方程中的曲率张量并不是完整描述空间内蕴性质的黎曼曲率，而是从黎曼曲率张量指标缩减后导出的里奇曲率 $R_{\mu\nu}$（图中的里奇张量），图中的里奇标量曲率 R，是里奇张量 $R_{\mu\nu}$ 的两个指标再次缩减后的结果。

黎曼曲率张量有 20 个分量，里奇曲率分量的数目只有它的一半。无论 20 个数还是十个数，都是用来描述 4 维时空的弯曲情况。这就像是给绵延的山区拍一组照片，“横看成岭侧成峰，远近高低各不同”，既可以用 20 张标准照片来描述这一带的地貌，也可以简化到 10 张照片给该区域一个稍微粗略一些的概括。对里奇曲率的另一种直观理解是：里奇曲率是某种与黎曼曲率张量相关的、更为细致的“截面曲率”的平均值。这与它是由黎曼曲率指标缩减得到的概念一致，因为指标缩减时的求和过程类似某种“平均”。

三、黎曼几何

1. 几何和物理

科学史上，几何与物理的交汇之点源远流长。

几何与物理是相通的，杨振宁曾经赠予著名几何学家陈省身一首诗：“天衣岂无缝，匠心剪接成。浑然归一体，广邃妙绝伦。造化爱几何，四力纤维能。千古寸心事，欧高黎嘉陈。”

其中所言“四力纤维能”，指的是杨先生 1954 年建立的用于“四种力”的规范场论，正巧与陈省身先生八年前（1946 年）提出的“纤维丛”理论，奇妙地联系在一起。诗里最后一句则点出了“欧几里得、高斯、黎曼、嘉当、陈省身”五位伟大几何大师的名字，他们的工作都与物理学有一定关系。

欧几里得几何与牛顿力学的关系是显而易见的：静力学的分析中，几何图形处处可见；描述天体的运动时，少不了几种圆锥曲线。牛顿第二定律的公式：$F=ma$，左边的 F 是物理量，右边的加速度 a，是轨道变量的 2 阶导数，在一定的情况下可表现为曲率，描述某曲线偏离直线的程度，是几何量，如图4–3–1所示。

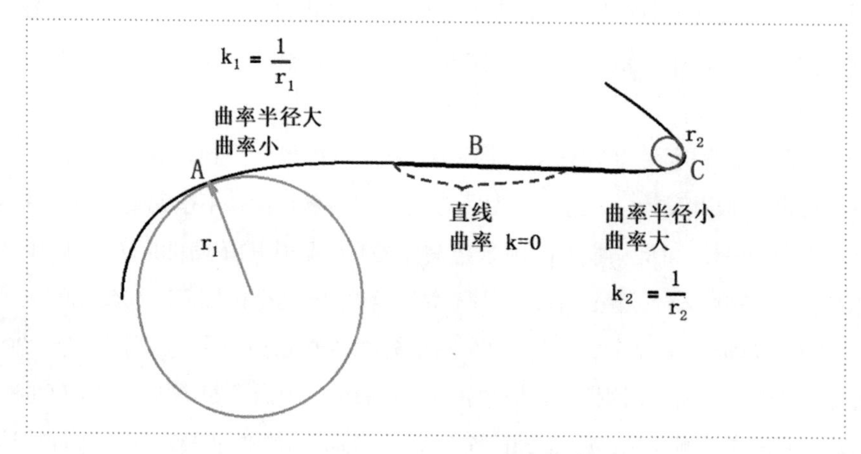

◎图 4–3–1　平面曲线的曲率半径和曲率

曲率是什么呢？对平面曲线而言，曲率是曲率半径（密切圆半径）的倒数，表示曲线的弯曲程度。比如说，比较图 4–3–1 中的曲线在点 A、B、C 的曲率：点 A 的曲率小于点 C 的曲率；点 B 的曲率最小，因为它的附近是一段无弯曲的直线，曲率为零。

当几何的研究范围从曲线扩大到曲面的时候，曲率增加了一个本质上全新的概念：内蕴性。由此可将曲率分为外在曲率和内蕴曲率。图 4–3–1 所示的曲线的曲率是外在曲率。

德国数学家高斯（Carl Friedrich Gauss，1777—1855）在 1827 年的著作《关于曲面的一般研究》中，发展了内蕴几何和内蕴曲率的概念。

2. 内蕴曲率和外在曲率

内蕴，是相对于“外嵌”而言。内蕴几何，说的是那些源于内在结构而不依赖于所“嵌入”的外在空间的几何。也就是在该空间以内“感受”到的几何性质。我们先从一条线说起，线是 1 维空间，把它画到图 4–3–1 中，便是将它嵌入了 2 维空间。设想有一个生活在线上的“1 维小蚂蚁”，它只知道这条线，不知道有图中的平面，更不知道我们能感受到的 3 维空间。也就是说，我们看见这条线在平面上弯来拐去，小蚂蚁却是看不见也感觉不到的。那条 1 维线如何弯如何拐，都是我们看见的“外在”性质。蚂蚁只知道顺着线爬过去，我们看到的是“弯曲”还是“平直”，对蚂蚁来说，没有任何区别。

所以，图 4–3–1 中标出的那条线上不同点（A、B、C）的不同曲率，是 1 维线的外在曲率。因此，1 维的内蕴几何很简单：任何 1 维线（在任何点）的内蕴曲率均为零。

现在考虑 2 维的情况。例如，我们用一张纸代表 2 维空间。将它平铺在桌子上，是平坦空间。如果将它卷成圆柱面或锥面，看起来便弯曲了。但是，这里所谓的“弯”是我们从 3 维空间看这张纸的形状，并非这张纸本身的性质。也就是说，这种“弯”是外在而非内蕴的。换言之，纸上的“2 维蚂蚁”，感觉不到平坦铺于桌子上的纸，和卷成了圆柱面的纸有啥不同。

为了描述曲面的内蕴性质，高斯将曲面上的曲率定义为两个主曲率（最大和最小）的乘积，即高斯曲率。图 4–3–2 中用红色标示出了柱面、锥面和球面的主曲率方向。从图中可见，柱面和锥面在 x 方向的主曲率为零，因而高斯曲率也为零；球面的两个主曲率都不为零，使得高斯曲率不为零。

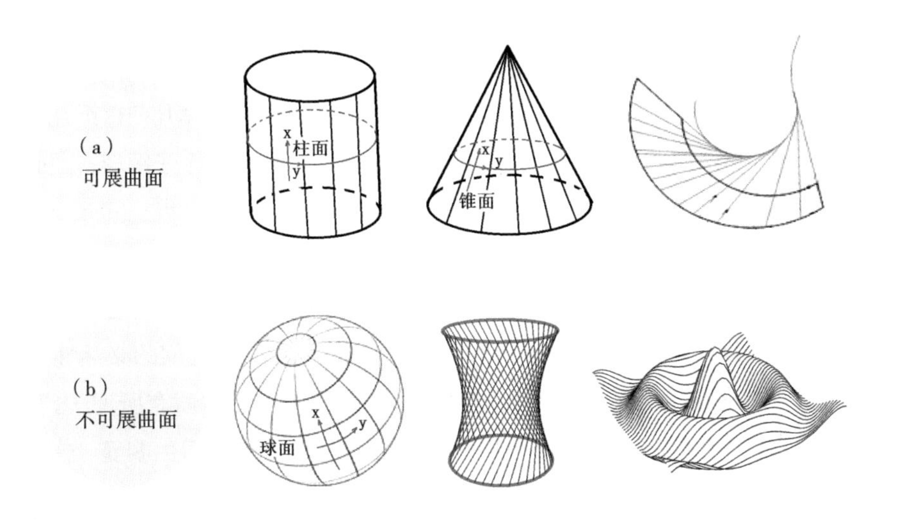

◎图 4–3–2　可展和不可展曲面

一张纸卷成了圆柱面，其内在几何性质并未改变，因为将它摊开后仍然是一张平纸，从顶点剪开一个锥面也是如此情形。这种展开后为平坦的性质叫作可展性。可展性与内蕴性紧密相关，这儿不详细解释，仅以图 4–3–2 中的图像实例来帮助大家理解，更多详情见参考资料。其实，从日常生活经验，很容易理解“可展”和“不可展”的含义。从图 4–3–2a 也可以看出，可展面就是可以展开成平面的那种曲面。

如图 4–3–2b 所列举的是不可展曲面，也就是不能展开成平面的曲面。例如，球面是不可展的。一顶做成近似半个球面的帽子，无论你怎么剪裁它，都无法将它摊成一个平面。换句话说，球面和柱面有一种本质的内在的不同。柱面看起来也是“弯曲”的，但本质上却是“平”的，这种情况下我们说，柱面的外在曲率不为零，但内蕴曲率为零。而怎么也“弄不平”的球面呢？两种曲率都不为零。所以，内蕴曲率（以后简称曲率）反映了空间“平或不平”的本质，对物理学很重要。

可展是曲面的性质，但可以推广到高于 2 维的空间，对 1 维的情况，曲线都是可展的，因为一条曲线无论弯曲成什么形状，都可以毫无困难地将它伸展成一条直线。因此，曲线没有内蕴性。

高斯在发现“高斯曲率”是一个曲面的内在性质时，一定是无比兴奋和激动的，因此他情不自禁地将他的结论命名为“绝妙定理”：“3 维空间中曲面在每一点的曲率不随曲面的等距变换而变化。”言下之意就是说，他定义的高斯曲率是一个内蕴几何量。

绝妙定理的绝妙之处，就是在于它提出并在数学上证明了内蕴几何这个几何史上全新的概念，它说明曲面并不仅仅是嵌入 3 维欧氏空间中的一个子图形，曲面本身就是一个空间，这个空间有它自身内在的几何学，独立于外界 3 维空间而存在。

3. 黎曼曲率和里奇曲率

高斯告诉我们：空间本身可以弯曲！但高斯对内蕴几何仍然有所迷惑，他在给天文学家奥伯斯（Heinrich Olbers）的信中说道：“我们的几何的必然性是无法证明的……或许在下辈子，我们会对目前无法触及的空间本质有所理解。”不过，高斯并没有等到下辈子，他还在世时就已经看到他的得意门生黎曼（Georg Friedrich Bernhard Riemann，1826—1866），正成功地走在他开创的几何之路上。

黎曼多病，年仅 40 岁便英年早逝，但他对数学做出了多项杰出的贡献。他奠基的黎曼几何，成为广义相对论不可或缺的数学基础，对空间内蕴本质有了更为深刻的理解。

空间不仅可以弯曲，在每个点的弯曲程度还可以各不相同。于是，黎曼于 1854 年引入了一种特殊的度规方式，指派给空间中每一点一组数字 g_{ij}，从这些数

◎图 4-3-3　高斯、黎曼、里奇

字及其微分可计算空间中两点间的距离，从而也就可以决定空间各点自身的弯曲程度，即计算每一点的曲率。

此外，对任意 *n* 维空间，存在许多不同的方向，一个数值不足以描述 1 点的度规，高斯曲率也不能完整地描述 *n* 维空间的弯曲情况。因此，一般将度规及曲率表示成张量的形式。所谓张量，可理解为 *n* 维空间的“标量、矢量、矩阵”等数组形式向更高阶的扩展，阶数越高，张量的分量数目便越多。例如，在 4 维空间中，作为零阶张量的标量只有一个值，矢量（1 阶张量）四个值；2 阶张量有 42=16 个分量；4 阶张量有 44=256 个分量。

4 维时空中，度规 g_{ij} 是 2 阶对称张量，表达曲率的标准形式是 4 阶的黎曼曲率张量 R_{klij}，由于对称性。度规张量只有十个独立的分量，相应的黎曼曲率张量只有 20 个独立的分量。另一种里奇曲率张量，与度规类似，是具十个独立的分量的 2 阶对称张量，以意大利数学家里奇（Gregorio Ricci，1853—1925）的名字命名。里奇也是理论物理学家，是张量分析创始人之一。

4. 黎曼几何到量子几何

黎曼几何被用于广义相对论，在大尺度范围内精确地描述了时空的弯曲。但是，如果将它用于微观世界时却碰到了困难。黎曼几何的可微连续等好用的性质，与微观世界理论必需的量子化相冲突。尺度越小越糟糕，到了普朗克尺度，连续或者是光滑的假设无法“近似”高度离散的现象，即使是局部的连续光滑性也难以满足。

某些弦论学家，正在研究用一门可预见的未来能够涵盖古典几何的新几何学——“量子几何学”，在微观世界中替代黎曼几何，用于解决普朗克尺度下几何学的困境。

例如，量子几何需要研究：现有几何学中的拓扑变化过程能满足的最小可能距离尺度是什么？距离尺度再继续缩小下去将产生哪些挑战直觉的效应？微观世界中，应该如何对度规张量进行量子校正？

有人设想，量子几何也许与现有的分形几何或非交换几何有关系；也有人认为可以推广量子力学中的有关算子的概念，将某些几何量类似于可观察的物理量来处理；有学者试图从离散的“第一原理”来重建时空几何；等等。换言之，量子几何是弦论对几何学提出的挑战，尚未有成熟完美的理论，可能成为一个活跃的数学物理研究领域。

四、史瓦西度规

图 4-2-2 所示引力场方程的解是度规张量 g_{ij}，它一般用空间中弧长微分的平方表示：$ds^2=g_{ij}dx^idx^j$。得到了度规张量，便能算出曲率张量，就知道了空间的弯曲情况。引力方程最简单的情况是：能量动量张量 $T_{\mu\nu}=0$，即爱因斯坦方程右边为零，表示没有物质的空间，即为真空的引力场方程。这时的解（度规张量 $g_{\mu\nu}$），顾名思义称作“真空解”。最简单的真空解是平直的闵可夫斯基时空：$ds^2=-dt^2+dx^2+dy^2+dz^2$。

不寻常的真空解，有史瓦西解与克尔解等，它们是物质分布为球对称时，方程在物质以外的真空中得到的时空度规张量，也就是通常用于黑洞的度规。史瓦西解描述的是史瓦西黑洞，所对应的几何是一个静止不旋转、不带电荷之黑洞。物理上对应任何球对称星球外部的时空几何。克尔解对应于有电荷和旋转时的真空解。因为爱因斯坦场方程是非线性的，找出其精确解是相当困难的任务，史瓦西解与克尔解是少数精确解的例子。下面介绍史瓦西解，或称“史瓦西度规”。

卡尔·史瓦西（Karl Schwarzschild，1873—1916）是德国物理学家和天文学家。爱因斯坦建立的广义相对论中的引力场方程，物理思想精辟，数学形式也漂亮，但是，求解起来一般来说却是非常困难。史瓦西给出了引力场方程的第一个精确解，他首先考虑了一个最简单的物质分布情形：静止的球对称分布。也就是说，史瓦西假设真空中只有一个质量为 m 的球对称天体，那么，引力场方程的解是什么？这种分布情况虽然异常简单，却是大多数天体真实形状的最粗略近似。史瓦西很幸运，他由此特殊情形将方程简化而得到了引力场方程的第一个精确解。求解引力场方程的目的也就是解出时空的度规，史瓦西得到的解便叫作史瓦西度规。

当时正值第一次世界大战爆发，已经年过 40 的史瓦西，是在俄国服兵役的间隙中做出了这项经典黑洞方面的先锋工作。因而，他迫不及待地将两篇论文寄给了爱因斯坦，并很快就要发表在普鲁士科学院的会刊上。遗憾的是，老天爷没有让史瓦西来得及看到自己的文章发表，他因病死在了俄国前线的战壕中。

不过，史瓦西的名字，随着他开创性的工作——史瓦西度规和史瓦西半径，永远留在了广义相对论及黑洞的历史上，见图 4–4–1。

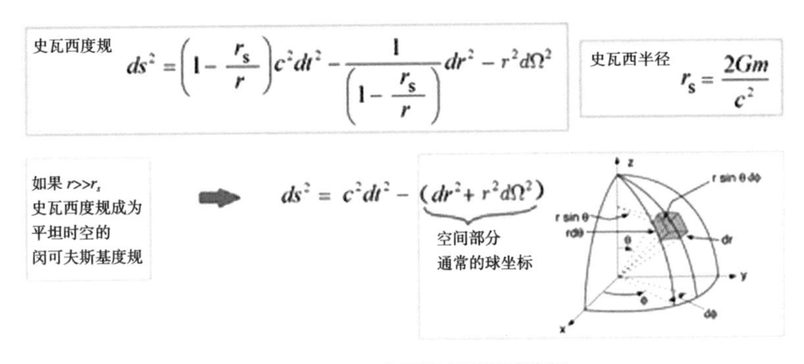

◎图 4–4–1 史瓦西度规和球坐标

史瓦西度规中最重要的物理量是史瓦西半径 r_s（$=2Gm/c^2$）。以上表达式中 G 是万有引力常数，c 为光速，由此可知，史瓦西半径 r_s 只与球体（星体）的总质量 m 成正比。也就是说，对每一个质量为 m 的星体，都有一个史瓦西半径与其相对应。比如说，根据太阳的质量，计算出太阳的史瓦西半径大约是 3 千米，而地球的史瓦西半径只有 9 毫米。可以这样来理解太阳和地球的史瓦西半径：如果将太阳所有的质量都压进一个半径 3 千米的球中，或者是将我们整个地球全部挤进一个弹子球中，那时候的太阳（或地球）就变成了一个黑洞。它们附近的引力场非常巨大，能够将运动到其附近的物质统统吸进去，光线也不能逃逸，因此，从外面再也看不见它们。

如此根据质量算出来的史瓦西半径 r_s 数学上是什么意思呢？我们仍然从图 4–4–1 中史瓦西度规的表达式来理解。可以这么说，史瓦西半径将时空分成了两部分：离球心距离 r 大于史瓦西半径的部分和小于史瓦西半径的部分。如果离球心距离 r 大大地大于史瓦西半径，比值（r_s/r）趋于零，史瓦西度规成为平坦时空中的闵可夫斯基度规。这是符合天文观测事实的，在远离天体的地方，引力场很小，时空近于平坦。只有在史瓦西半径附近和内部，时空度规才远离平坦，时空弯曲程度急剧增大。

从图 4–4–1 中史瓦西度规的表达式可见，有两个 r 的数值比较特别，一个是 $r=r_s$，一个是 $r=0$。这两个数值都导致史瓦西度规中出现无穷大。不过，数学上证明，第一个在史瓦西半径处的无穷大是可以靠坐标变换来消除掉的假无穷大，不算是奇点，只有 $r=0$ 处所对应的，才是引力场方程解的一个真正的“奇点”。

史瓦西半径处虽然不算奇点，但它的奇怪之处却毫不逊色于奇点。首先，当 r 从大于史瓦西半径变成小于史瓦西半径，度规中的时间部分和空间部分的符号发生了改变。这是什么意思呢？好像是时间 t 变成了空间 r，空间 r 变成了时间 t，这对我们习惯使用经典时间空间观念的脑袋而言，是无法理解的。也许我们可以暂时不用去作过多的“理解”，只记住一句话：“史瓦西半径以内，时间和空间失去了原有的意义。”还好我们也没有必要对史瓦西半径以内的情况作更多的想象，因为我们活着去不了那儿，根本不知道在那儿发生了什么。并且现在看起来，我们永远也不可能真正切身用实验来检验那儿时空的奇异性。那是一个界限，是等同于许多年之前米歇尔和拉普拉斯称之为光也无法逃脱的“暗星”的界限。当初的牛顿力学只能预测说，如果质量集中在如此小的一个界限以内，光线也无法逃逸，外界便无法看到这颗“暗星”。而根据广义相对论，除了无法逃逸之外，还带给我们许多有关时间和空间的种种困惑，也许这些困惑的解决能让我们更深刻地认识时间和空间从而促成物理学的新革命，促成引力理论和量子理论的统一。

总而言之，史瓦西度规虽然有奇怪的结果，实际上却非常的简单，简单到就是一个半径和被该半径包围着的一个奇点。因为在这个半径以内，外界无法得知其中的任何细节，我们将其称之为“视界”。视界就是“地平线”的意思，当夜幕降临，太阳落到了地平线之下，太阳依然存在，只是我们看不见它而已。对一个太阳质量的星体，如果因为某种原因，将其所有的质量都压缩到了半径小于 3 千米的球体中，那时候，任何东西都逃不出来，即使是光线。对外界的观察者而言，太阳变成完全是“黑”的，惠勒给它起了一个好名字：“黑洞”。

史瓦西度规是引力场方程最简单最基本的解，也是黑洞物理的基础。引力场方程的奇点最为引起物理学家们的兴趣。引力奇点也称“时空奇点”，是一个体积无限小、密度无限大、引力无限大、时空曲率无限大的时空点，在这样的点，目前所知的物理定律无法适用，因而也成为弦论研究的重点。例如，宇宙大爆炸的初始点以及黑洞的中心，都是引力奇点。我们将在下面两节中分别介绍。

五、宇宙模型

近几十年来，宇宙学逐渐成为一门真正的科学，宇宙的演化过程逐渐被人们了解。但在众人的理解中，即使是物理学、宇宙学方面的专业人士，也都难免存在许多的“误解”。

根据广义相对论和哈勃定律，宇宙空间在不停地膨胀，星体间互相逐渐远离的事实，不可避免地会得到宇宙早期高度密集的结论。以宇宙目前膨胀的规律将时间倒推过去，星体间必然曾经靠得很近，并且，离“现在”越久远，宇宙中星球的密度就会越大，亦即同样多的“星体”占据的空间就会越小。再往前，星体便会不成其为星体，而是因为短距离下强大的引力而“塌缩”在一块儿，成为混沌一团的等离子体。再往前推，物质的形态表现为各种基本粒子组成的“混沌汤”：电子、正电子、无质量无电荷幽灵般的中微子和光子。推到最后，给我们的“宇宙最早期”图景，便是一个密度极大且温度极高的“太初状态”。也就是说，我们现在的宇宙是由这种“太初状态”演化而来。称之为“大爆炸”。

仅仅从广义相对论这个“经典引力理论”而言，如上所述的“时间倒推”可以一直推至 $t=0$，它对应于数学上的时间奇点。但是实际上，当空间小到一定尺度，也就是说对应于时间“早”到一定的时刻，就必须考虑量子效应。遗憾的是，广义相对论与量子理论并不相容，迄今为止物理学家们也没有得到一个令人满意的量子引力理论。因此，我们将大爆炸模型开始的时间定在普朗克时间（10^{-43} 秒），或者更后一些，比如说，引力与其他三种作用分离之后（10^{-35} 秒）。这是物理学家们能够自信地应用现有理论的最早时间，任何理论都有其极限。我们的理论目前只能到此为止，至于更早期的量子引力阶段，可以研究，但现在的标准理论尚未能给出满意的答案。如果再进一步，有人要问“当时间 $t<0$，大爆炸之前是什么？”或者“什么原因引起了大爆炸？”之类的问题，那就更是暂时无法回答了。

所以，从目前来看，标准的大爆炸模型并不是一个无中生有的“创世理论”，而只是一个被观测证实、得到主流认可的宇宙演化模型。宇宙的所有物质原本（从普朗克时间开始）就存在那儿，“大爆炸”理论只不过描述宇宙如何从太初的高温高压高密度的“一团混沌”演化到了今日所见的模样。

“大爆炸”并不是一个准确的名字，容易使人造成误解，会将宇宙演化的初始时刻理解为通常意义上如同炸弹一样的“爆炸”：火光冲天，碎片乱飞。实际上，炸弹爆炸是物质向空间的扩张，而宇宙爆炸是空间本身的扩张。有趣的是，据说科学家们曾经想要改正这个名字，但终究也没有找到更恰当的名称。

炸弹爆炸发生在3维空间中的某个系统所在的区域，通常是因为系统内外的巨大压力差而发生。发生时系统的能量借助于气体的急剧膨胀而转化为机械功，通常同时伴随有放热、发光和声响效应，影响到周围空间。

对宇宙大爆炸而言，根本不存在所谓的外部空间，只有3维空间“自身”随时间的“平稳”扩张。有人将宇宙大爆炸比喻为“始于烈焰”“开始于一场大火”，此类说法欠妥。

六、黑洞物理

黑洞物理不仅涉及广义相对论，也与量子理论密切相关，实际上，因为人类对黑洞的认识还不足够，所以，在物理的不同领域中对黑洞的理解也稍有不同。

至少可以从三个不同的角度来理解黑洞。从数学上来说，黑洞指的是爱因斯坦引力场方程的奇点解。奇点就是在数学上导致了无穷大。这种意义下的黑洞，更像是一种理想条件下的数学模型。讨论的多是黑洞无毛定理、史瓦西半径、视界等数学定义。而当人们谈到黑洞的物理性质时，多涉及黑洞的热力学性质，诸如黑洞熵、霍金辐射、信息丢失等，这些概念与量子物理关系密切。只有成功地将经典引力理论与量子理论结合起来，才能对黑洞的物理意义有更深刻、更全面的理解。此外，在天文学中真实观测到的被称为“黑洞”的天体，应该说是理论上认为的所谓黑洞的候选者，对这些天体的研究和观测，对理解黑洞物理极其重要。

1. 经典黑洞——黑洞无毛

广义相对论的史瓦西解，只描述了一个最简单的经典黑洞。

引力场方程的精确解不止史瓦西度规一个。因此，基本黑洞的种类也不仅仅是史瓦西黑洞。

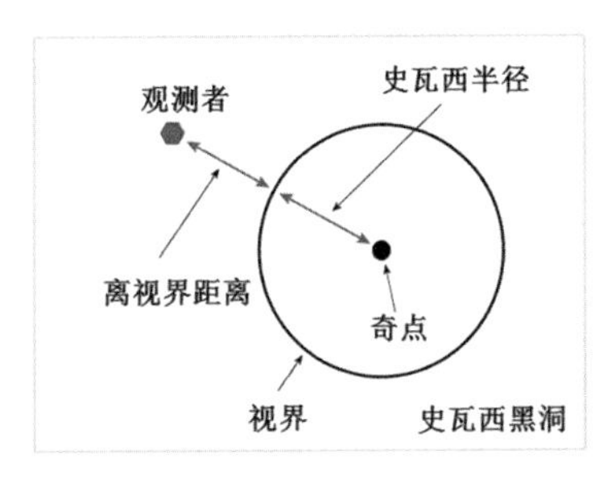

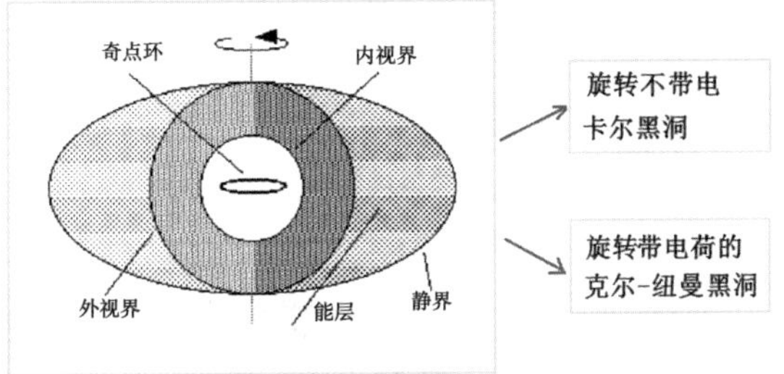

◎图 4-6-1 史瓦西黑洞和克尔－纽曼黑洞

如果所考虑的星体有一个旋转轴，星体具有旋转角动量，这时候得到的引力场方程的解叫作克尔度规。克尔度规比史瓦西度规稍微复杂一点，有内视界和外视界两个视界，奇点也从一个孤立点变成了一个环。

比克尔度规再复杂一点儿的引力场方程之解，称为克尔－纽曼度规，是当星体除了旋转之外还具有电荷时而得到的时空度规。对应于这几种不同的度规，也就有了四种不同的黑洞：无电荷不旋转的史瓦西黑洞，带电荷不旋转的纽曼黑洞，旋转但无电荷的克尔黑洞，既旋转又带电的克尔－纽曼黑洞。

这些黑洞都是人们根据引力场方程得到的精确解，并且，少数物理学家和天文学家从 20 世纪 30 年代就开始考虑恒星的引力塌缩问题，认为在一定的条件下，天体最后的归宿有可能是“黑洞”。但是，爱因斯坦和艾丁顿等人当时却不愿意接受这种“怪物”，不承认这些解是对黑洞的预言。当年艾丁顿在爱因斯坦的支持下对年轻学子钱德拉塞卡的打压便是一个典型的例子。钱德拉塞卡在 28 岁时研究引力塌缩，得到钱德拉塞卡极限，做出他一生中的最重大成果，却直到 73 岁时才因此成果而获得诺贝尔物理学奖。在 1939 年，爱因斯坦还曾经发表一篇与广义相对论相关的计算文章，解释史瓦西黑洞在宇宙空间中不可能真实存在。

尽管爱因斯坦早年不承认存在引力波，也不认为宇宙中会真有黑洞，但人们还是固执地将这两项预言的荣耀光环戴在他的头上，因为这是从他的广义相对论理论导出的必然结果。

据说黑洞这个词以及黑洞无毛的说法，一开始都被专业人士抵制，认为暗含了某种淫秽的意义，有伤风化，难登科学理论大雅之堂。但社会大众的反应有时候是科学家们难以预料的。人们欣然地接受并喜爱这两个词汇，没人笑话，也很少人往歪处去联想。反之，这两个词汇催生了不计其数的科幻作品，让神秘高雅的科学概念走向普通民众。事实证明，那些莫名其妙的“抵制”只是庸人自扰。

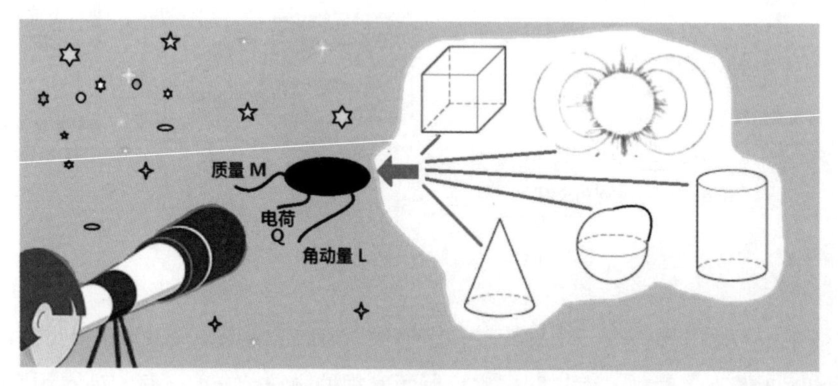

◎图 4-6-2 黑洞无毛定理

黑洞无毛定理，是对经典黑洞简单性的叙述。也就是说，无论什么样的天体，一旦塌缩成为黑洞，它就只剩下电荷、质量和角动量三个最基本的性质。质量 M 产生黑洞的视界；角动量 L 是旋转黑洞的特征，在其周围空间产生涡旋；电荷 Q 在黑洞周围发射出电力线。这三个物理守恒量唯一确定了黑洞的性质。因此，也有人将此定理戏称为“黑洞三毛定理”。

物理规律用数学模型来描述时，往往使用尽量少的参数来简化它。但这儿的“黑洞三毛”有所不同。“三毛”并不是对黑洞性质的近似和简化，而是从经典观点而言，黑洞只有这唯一的三个性质。原来星体的各种形状（立方体、锥体、柱体）、大小、磁场分布、物质构成的种类等等，都在引力塌缩的过程中丢失了。对黑洞视界之外的观察者来说，只能看到这三个（M、L、Q）物理性质。

2. 极大和极小

理论物理学家们从广义相对论和热力学、量子理论的角度深刻探讨黑洞的本质，天文学家们则充分利用他们拥有的观测手段，在茫茫宇宙中寻找黑洞，或者说寻找行为类似黑洞的天体。

这种寻找过程的确犹如大海捞针。针是金属，表面会反光，然而黑洞呢，它们不断吸入周遭的物质却从不放出任何信息。但是，利用光和电磁波的反射折射吸收等性质，是天文探索的基本手段。由此可见，寻找黑洞是难上加难。

按照大小来分，黑洞基本有三类，从极小到极大。

极小的是质量很小的微型黑洞，在微型黑洞的尺度，量子力学效应扮演了非常重要的角色，所以又将它们称为“量子黑洞”，或称为“原生黑洞”，这是科学家们提出的一种假想黑洞。它们并不是由恒星坍塌而形成，有可能会在大爆炸的早期宇宙的高密度环境下产生。理论上，这种另类黑洞比普通黑洞更小，体积可以只有原子大小，质量却相当于一座山（大于 10 亿吨）的原生黑洞。天文上暂时尚未观测到这类黑洞，因此我们不作更多的讨论。

然后是引力塌缩后形成的恒星级黑洞，这是天文学家们寻找的主要目标。它们是在恒星慢慢燃尽死亡的过程中，最终塌缩而成的。从 2015 年开始，几次接收到的引力波，便是来自此类黑洞的碰撞合并事件。

此外，还有质量非常巨大的超重黑洞（10^5–10^{10} 太阳质量）。超大质量黑洞通常存在于星系的中心。

超重黑洞有两个与我们概念中的黑洞印象有点不同的特别性质。首先，它们因为质量 M 巨大，实际上平均质量密度并不大。因为根据黑洞视界半径的计算公式：$r_s=2GM/c^2$，可得到平均质量密度 $\rho=3M/4\pi r_s^3$，最终结果是，ρ 反比于质量 M 的平方。所以，质量超大的黑洞，平均密度可以很低，甚至比空气的密度还要低。

超重黑洞的另一个特点是在视界附近的潮汐力不像通常想象的那么强大。因为视界范围很大，中央奇点距离视界很远。有多远呢？视界半径是和质量成正比的，太阳质量缩进一个黑洞的时候，视界半径为 3 千米，那么，银河系中心的黑洞质量是 400 万个太阳质量，这个巨大质量的黑洞的史瓦西半径就应该等于 3 千米的 400 万倍，即 1200 万千米左右。那么，是不是这种超重黑洞就不是我们想象的那么危险和可怕呢？也未必见得，如果真是黑洞的话，进去了出不来可不是好玩的！

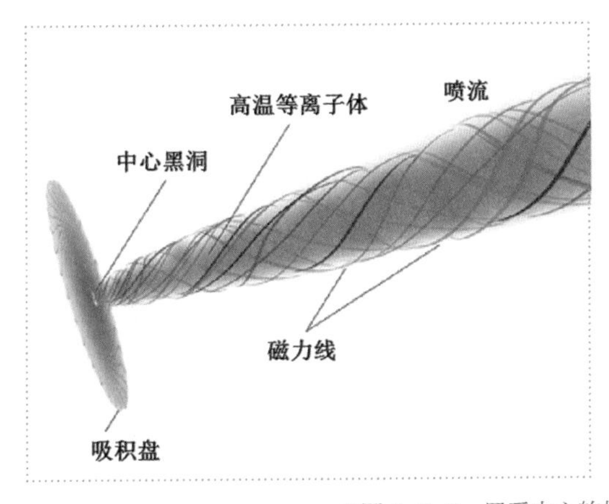

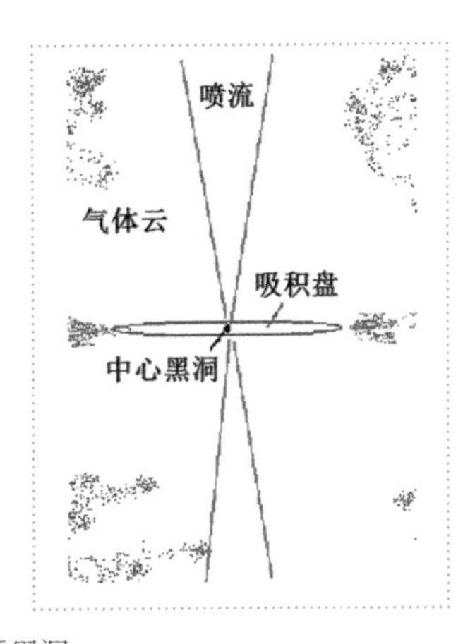

◎图 4-6-3　星系中心的超重黑洞

不过好在它们都距离我们太阳系远远的，暂时对人类没有任何危害。另外，根据天体物理学家们的研究结果，星系中心的巨大黑洞可能对维持星系的稳定性有一定的作用。

十分有趣的是，2019 年 4 月 10 日，由事件视界望远镜（Event Horizon Telescope，EHT）拍摄到的人类历史上第一张黑洞照片正式向全球公布。

这张令人兴奋的甜甜圈图，得来可不容易，它展示的是室女座星系团中的大质量星系 M87 中心的黑洞。不要以为得到这张照片就像我们用手机拍照一样，咔嚓一下就完成了。要知道为了“拍摄”它，有来自全球超过 200 位的科学家参与其中，耗时 16 年！即使“洗”出（处理数据）这张照片，也花费了两年的时间。

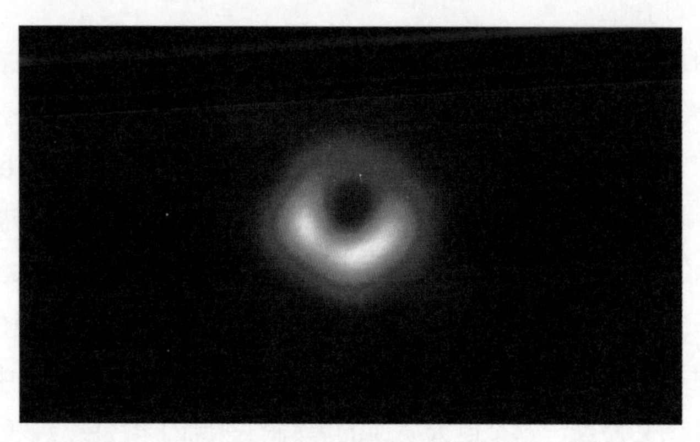

◎图 4-6-4　M87 黑洞（来源：EHT）

事实上，图 4-6-4 所示的，并不完全是黑洞的真实面目，起码照片中的红色黄色并不是从黑洞接受的真实信号。科学家们探测到的，是来自这个黑洞周围吸积盘（见图 4-6-3 的右图）发出的，波长在一毫米左右的无线电波信号。红色和黄色只是表示不同位置拍摄到毫米波信号的强和弱而已。

这个黑洞距离地球非常远，有 5000 多万光年。它的质量是太阳的 65 亿倍。

3. 霍金辐射

上一节介绍的“无毛”黑洞，是不考虑量子效应的、广义相对论的几个精确解所描述的经典黑洞。如果从热力学和量子的观点来考察黑洞，情况就会复杂多了。

雅各布·贝肯斯坦（Jacob Bekenstein，1947—2015）是惠勒的学生，他在惠勒“将一杯热咖啡倒进黑洞”的著名提问启发下，首先注意到了黑洞物理学中某些性质与热力学方程的相似性。特别在 1972 年，斯蒂芬·霍金证明了黑洞视界的表面积永不会减少的定律之后，贝肯斯坦提出了黑洞熵的概念。熵是系统混乱程度的度量，一个孤立系统的熵只增不减。贝肯斯坦认为，既然黑洞的视界表面积只能增加不会减少，这点与热力学中熵的性质一致，因此，便可以用视界表面积来量度黑洞的熵。

这在当时被认为是一个疯狂的想法，遭到所有黑洞专家的反对，因为当年的专家们都确信“黑洞无毛”，可以被三个简单的参数所唯一确定，那么，黑洞与代表随机性的“熵”应该扯不上任何关系！唯一支持贝肯斯坦疯狂想法的黑洞专家是他的指导教师惠勒。

于是，贝肯斯坦在老师的支持下建立了黑洞熵的概念。然而随之带来一个新问题：如果黑洞具有熵，那它也应该具有温度，如果有温度，即使这个温度再低，也就会产生热辐射。

霍金的脑瓜子转得快。他从与贝肯斯坦的战斗中吸取了营养，得到启发，意识到这是一个将广义相对论与量子理论融合在一起的一个开端。于是，霍金进行了一系列的计算，最后承认了贝肯斯坦“表面积即熵”的观念，提出了著名的“霍金辐射”。

霍金辐射产生的物理机制是黑洞视界周围时空中的真空量子涨落。根据量子力学原理，在黑洞事件边界附近，量子涨落效应必然会产生出许多虚粒子对。这些粒子反粒子对的命运有三种情形：一对粒子都掉入黑洞；一对粒子都飞离视界，最后相互湮灭；第三种情形是最有趣的，一对正反粒子中的一个掉进黑洞，再也出不来，而另一个则飞离黑洞到远处，形成霍金辐射。这些逃离黑洞引力的粒子将带走一部分质量，从而造成黑洞质量的损失，使其逐渐收缩并最终“蒸发”消失。见示意图 4-6-5。

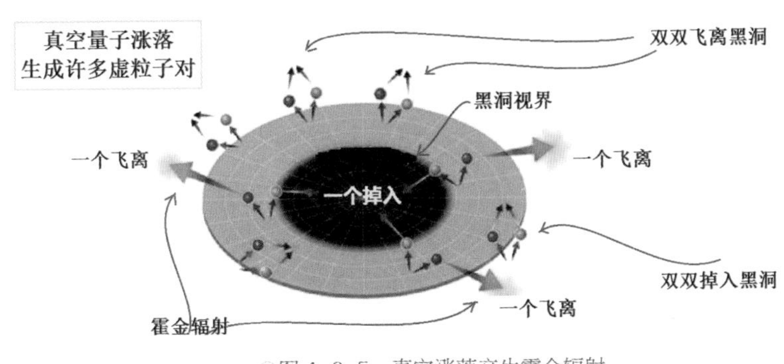

◎图 4-6-5　真空涨落产生霍金辐射

霍金辐射导致所谓“信息丢失悖论”，对此，专家学者们不断地争论和探讨。首先，黑洞由星体塌缩而形成，形成后能将周围的一切物体全部吸引进去，因而黑洞中包括了原来星体大量的信息。而根据霍金辐射的形成机制，辐射是由于周围时空真空涨落而随机产生的，所以并不包含黑洞中任何原有的信息。但是，这种没有任何信息的辐射最后却导致了黑洞的蒸发消失，那么，原来星体的信息也都随着黑洞蒸发而全部丢失了。可是量子力学认为信息不会莫名其妙地消失。这就造成了黑洞的信息悖论。

此外，形成霍金辐射产生的一对粒子是互相纠缠的。处于量子纠缠态的两个粒子，无论相隔多远，都会相互纠缠，即使现在一个粒子穿过了黑洞的事件视界，另一个飞向天边，似乎也没有理由改变它们的纠缠状态。

为解决信息悖论，黑洞专家们发起了一场“战争”，在美国斯坦福大学教授伦纳德·萨斯坎德（Leonard Susskind，1940—　）的《黑洞战争》一书中，对此有精彩而风趣的叙述。

黑洞信息悖论的实质是因为广义相对论与量子理论的冲突。只有当我们有了一个能将两者统一起来的理论，才能真正解决黑洞悖论的问题。后面我们将看到，弦论尽管尚未完全达成统一之目标，但它很好地融合了引力理论，并计算出黑洞熵，在认识黑洞本质问题上向前迈进了一大步，这是弦论一个可喜的成果。

第五章

弦论简史

XIANLUN JIANSHI

“锦瑟无端五十弦，一弦一柱思华年。”—— 唐代　李商隐

一、玻色弦（1968）

◎图 5-1-1 “弦”代替了“粒子”

弦论之前的物理学，将万物之本归结为粒子。到底什么是粒子？很难给出确切的定义，但有一点是公认的：最基本的粒子无法谈论大小，只是一个“点”。弦论则认为宇宙中最基本的，不是粒子而是弦。也就是说，弦是比标准模型中的基本粒子更为基本的万物之本，弦的千变万化的振动模式形成了各种各样不同种类的基本粒子。

不过，历史上的第一个弦论（玻色弦理论，只能处理玻色子）并不是为了“再拆再分”基本粒子的深层结构而建立起来的理论，而是当初有个运气好的研究生，为了研究强相互作用时“撞”上去的。

那是在 20 世纪 60 年代后期，加速器上发现了许多强子共振态，这些态的角动量与质量平方的关系，满足一个被称为瑞吉轨道（Regge trajectory）的经验公式。在以色列的魏兹曼研究所，有一位意大利物理学家，名叫加布里埃莱·韦内齐亚诺（Gabriele Veneziano，1942—　），当时 26 岁，刚刚博士毕业。那时候，物理学家们用量子场论解决强作用碰到了困难，量子场论一段时期不受青睐。物理学家认为“场”不是可观测量，只有粒子间碰撞的散射振幅才能被观测到。因此，韦内齐亚诺未用量子场论做研究，而是使用关联初始状态和最终状态的 S 矩阵方法，当时他正在研究瑞吉轨道的公式。

韦内齐亚诺后来回忆说，1968 年 6 月前后，他在研究所内的咖啡吧小憩，脑海中灵感突发，不自觉地展开了一系列“思想实验”。他深入思考描述 π 介子间碰撞的散射振幅会是个什么样子。当他在笔记本上整理这些想法的时候，突然想到了多年前的数学物理学生就已熟悉的用 Γ 函数表示的欧拉 Beta 函数。

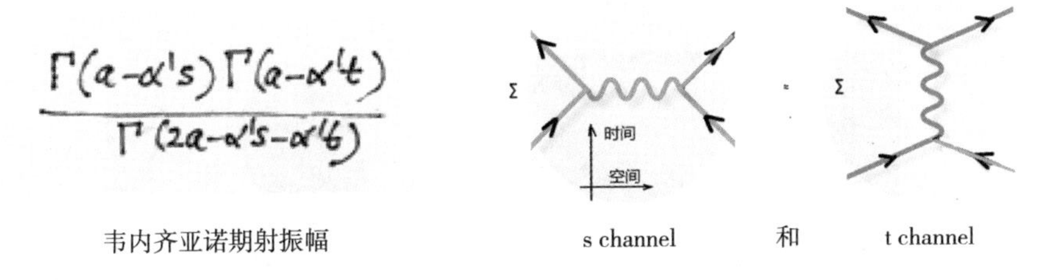

◎图 5-1-2　韦内齐亚诺公式

历史有时候看起来似乎荒谬可笑，图 5-1-2 左边这个韦内齐亚诺草草手写在纸巾上的公式，如今被视为现代弦论的萌芽，后来也让韦内齐亚诺一跃成为粒子物理学界的名人，尽管当初他做梦也没有想到什么“弦论”，也并未意识到这个公式的深刻意义。

公式描述的是两个强子碰撞，产生另外两个强子的散射振幅。式中包括三个 Γ 函数，其中的 a 是常数，s 和 t 与各粒子的运动状态有关，分别代表散射振幅中的 s-channel 和 t-channel。函数（$\alpha(t)=\alpha(0)+\alpha' t+..$）表示瑞吉轨道的线性关系，其中的 α' 是瑞吉斜率。

图 5-1-2 右边是对应于一般散射公式中最低阶的费曼图：s-channel 和 t-channel。在 s-channel 中，两个入射粒子发生湮灭现象，然后重新生成两个新粒子。在 t-channel 中，两个入射粒子通过互相交换虚粒子而相互作用。

韦内齐亚诺发现，用图 5-1-2 左边的数学公式来表示散射振幅（或散射截面），几乎符合所有基本粒子的强作用，极好地解释了在观测强作用粒子碰撞行为实验中发现的大多数关键趋势。几周后，韦内齐亚诺造访欧洲核子研究实验室理论部，发现那里的几位同行非常惊讶于这个简洁的数学表达式，对他的结论赞赏有加。因此，韦内齐亚诺在同行们的鼓励下发表了文章。

韦内齐亚诺原来的基本思想是在 S 矩阵上添加一个现在称为 Dolen-Horn-Schmid（DHS）对偶性的属性。s-channel 和 t-channel 本来涉及两个明显不同的过程，但 DHS 对偶将它们关联起来，而韦内齐亚诺振幅中的 Beta 函数便是这种对偶性最简易的数学表述。因此，笔者看来，韦内齐亚诺文章第一次赋予了物理中对偶原理之重要性，这点要胜过该文章对解决强相互作用问题的重要性。

后来（1969—1970 年）有几位物理学家，包括美籍日裔的南部阳一郎和美国的李奥纳特・萨斯坎德（Leonard Susskind，1940—　），对韦内齐亚诺振幅进行了物理解释。

韦内齐亚诺　　萨斯坎德

◎图 5-1-3　最早的弦论先驱

斯坦福大学的萨斯坎德是黑洞信息专家，弦论的创始人之一，他认为韦内齐亚诺公式表征的不是粒子与粒子之间的散射振幅，而是“弦”与“弦”的散射振幅。所谓“弦”，则可理解为一小段类似橡皮筋那样可扭曲抖动的有弹性的“线段”。而南部阳一郎是理论物理大师，他给予“弦”最早的作用量表示。宇宙万物由弦组成！这是一个人们从未听过的新奇说法，因此，萨斯坎德的文章一开始被《物理学评论通讯》拒绝了，说他的解释达不到发表的要求，这使萨斯坎德感觉十分困惑和郁闷。不过后来，这个“万物是弦”的说法很快引起了一帮年轻人的共鸣，他们蜂拥而上研究弦论。然而好景不长，因为盖尔曼研究强子理论有了好结果，他提出了量子色动力学（QCD），一举解决了强作用中共振态的散射振幅问题。这个理论转移了物理学家们对“玻色弦”的注意力。所以，生不逢时的“玻色弦理论”刚出生就被盖尔曼扼杀了，被迷上了 QCD 及标准模型的人们抛在了历史的垃圾箱中。

二、弦论诞生

不过后来，仍然有那么几个人坚持不懈，继续做基本上已经“死掉”了的弦论。他们是美国的施瓦兹（John Schwarz，1941—　）、法国的乔尔・谢克（Joël Scherk，1946—1980）、英国的格林（Michael Green，1946—　）等。这种坚持是需要勇气和付出代价的。例如，乔尔·谢克因病于 33 岁便英年早逝；施瓦兹多年都是被加州理工学院以非教员的身份所聘用，并且他所在的职位不会让他成为学院终身教员的合理候选人。一直到了 1984 年，弦论终于迎来了它的第一次革命。

20 世纪 70 年代初，量子色动力学建立。之后粒子物理的十几年，是标准模型的黄金时代，谁还会记得已经被抛弃了的“玻色弦论”呢？人们沉浸在三种作用已经被统一的成功的喜悦中，也尽全力试图将爱因斯坦的经典引力场量子化、规范场化、重整化，以便能将其包括到现有的模型里。当然也有各种各样别出心裁的怪异理论问世：前子模型、圈量子引力、扭量论等等。然而最后，企图攻克引力的各种努力都以失败告终，统一之梦未果，引力依然顽固。不见峰回路转，学者继续奋斗。

尽管玻色弦的工作已经被主流完全忽略，但仍然有少数几位奉献者痴心，不改初衷依旧。在他们锲而不舍的努力下，弦理论得以继续稳定发展，等待着它重新辉煌的一天。

玻色弦论被人摒弃固然也有其自身的原因，它先天不足尚未成熟，要求的额外维度也始终遭人诟病。总结起来有如下几个致命伤：第一，只能处理玻色子，将众多费米子排除在外；第二，世界必须要有 25 个空间维；第三，存在比光还快的粒子——快子；第四，存在除光子外不能静止的无质量粒子。既然强作用已经不需要它，还有谁需要它呢？

1970 年，理论家拉蒙德（Pierre Ramond）提出超对称性，意思就是每个玻色子都对应于一个相应的费米子。拉蒙德用它改写了描述弦的方程，使弦论包括了费米子。于是，玻色弦论被超弦理论代替。“超”的意思是说引进了“超对称”。新的超对称弦论还对解决其他两个问题有帮助：它没有了快子；它将额外空间维的数目从 25 降到 9。虽然 9 维还不是 3 维，疑问仍在，但一下就减少了 16 维，也未免不是好事。况且，空间的额外维度只是如何理解的问题，很多人并没把它当真，只是等候观望或付之一笑而已。大约同时，纳维（Andrei Neveu）和施瓦兹用另一种方法引入了费米子，也得到类似的结果。

剩下的那个零质量粒子之疑难，又该如何解决呢？玻色弦的初衷是要解决强相互作用的问题，强作用是近距力，其中没有无质量的玻色子。然而，一旦跨出了这道界限，这个疑难反而变成了优点。标准模型解决了电磁及强弱三个相互作用的问题，却没有包括引力。其实，如果引力子存在的话，它不就正是这样一个无静止质量、自旋为 2 的粒子吗？

施瓦兹

乔尔·谢克

民秋米谷

◎图 5-2-1　坚持研究的弦论学者

1974 年，乔尔·谢克和施瓦兹迈出了这关键的一步。他们发现，他们研究的理论所预言的某些零质量粒子其实就是引力子。日本物理学家民秋米谷（Tamiaki Yoneya）也独立得到了同样的结论。弦论不但包含了标准模型中的规范玻色子，还能包括引力子的事实，令这些弦论先驱者们有了自信，也有了明确的目标。谢克和施瓦兹马上就提出，弦论不是强相互作用的理论，而是一个更为基本的、有可能统一引力与其他力的理论。如此一来，弦论便完全摆脱了它的“强作用”色彩，走上了靠逻辑自我发展的理论之路。可惜的是，在弦论最惨淡的日子里与施瓦兹坚持不懈沿着这条道路前进的谢克，却出师未捷身先亡！他患有严重的糖尿病，于 1980 年不幸去世。之后，施瓦兹转向与伦敦玛丽皇后学院的迈克尔·格林（Michael Green）合作，两人最终完成了超对称和弦论的结合。

三、第一次弦论革命（20 世纪 80 年代）

尽管如此，弦论依然还有很多未解决的具体问题，如“反常”问题。反常（anomaly）指的是某些经典守恒定律在量子论中被破坏，例如规范对称性。做量子场论的物理学家都知道，如果规范对称性出现反常，则意味着理论的不自洽性，因此规范反常经常被用来检查理论的自洽性。

一直到 1983 年，施瓦兹等人仍然被弦论的规范反常问题所困扰。最后的转机与一位年轻人，上一篇提及过的爱德华·威滕的参与有关。当年的威滕在粒子物理界已经有点儿名气，但实际上，威滕的博士指导教授戴维·格罗斯（David Gross，1941—　）是施瓦兹的同门师兄，他们同时师从伯克利加州大学的杰弗里·丘教授，于1966年得到博士学位，之后，都曾在普林斯顿大学任教。再后来，格罗斯和他的学生弗朗克·韦尔切克（Frank Wilczek，1951—　）一起发现了量子色动力学中的渐近自由，由此他们与休·波利策一同分享了2004年度的诺贝尔物理学奖。施瓦兹后来则转战到加州理工，是一位将一根筋吊在弦论上始终不变的难得人物。

威滕是少年天才，虽然父亲是研究广义相对论的理论物理学家，但年轻时威滕的梦想却是走向人文之路。他高中毕业后进大学主修历史，打算将来成为一名政治家或记者，毕业后还曾经参与支持一位民主党候选人的总统竞选工作。不过后来，他感觉从政的道路上容易迷失自我，因此“半路出家”“迷途知返”，选择了理论物理。从他21岁进入普林斯顿大学研究生院开始，他对物理及数学的兴趣骤增，并且钻进去便一发不可收拾。由于威滕在物理及数学领域表现出与众不同的才能，29岁便被普林斯顿大学物理系聘为教授。

威滕的物理直觉惊人，数学能力超凡。20世纪80年代，笔者在奥斯汀大学相对论中心读博期间，听过与温伯格一起工作的，一位年轻而知名的弦论物理学家评价威滕。具体原话记不清楚了，大意是说：在当今的粒子物理领域中，只有威滕是理论物理学界的莫扎特，相比而言，其他人都只能算作宫廷乐师。

威滕1982年从理论物理的角度证明了“正能量定理”，同时对超引力及弦论产生浓厚的兴趣。他发现，大多数量子引力理论都无法容纳像中微子这样的手性费米子。这导致他与路易斯·高美（Luis Gaumé）合作，研究引力理论中违反守恒律的异常情况，并得出结论说包含开弦和闭弦的I型弦论是不自洽的。然而，格林和施瓦兹发现了导致威滕和高美文中得到异常的原因。

事情的转折也就在于施瓦兹和格林的这个计算，1984年夏天，他们终于成功地证明了，当对称群为SO（32）（32维实空间中的转动群）的时候，在超对称弦论中，所谓的各种规范反常完全可以被抵消。威

◎图5-3-1　格林（左）和施瓦兹（右）

滕了解了他们的计算之后，就确信弦论是自洽的引力理论，并因此成为备受瞩目的弦论领导者。施瓦兹后来回忆了1984年那段时间物理界对弦论热度迅速变化的过程：

“……就在我们要写完的时候，我们接到威滕的电话，说他听说我们已经有了清除反常的结果，他想看看我们的工作。于是我们写了一个草稿，通过FedEx寄给他。那时没有email，它还没出现呢；但有了FedEx。所以我们寄给了他，他第二天就收到了。我们听说，普林斯顿大学和高等研究院的每一个人，所有的理论物理学家，都在做弦论了，人数不少呢……”

于是，弦论在一夜之间变成了热门话题，热度从普林斯顿扩大到世界各地的理论物理学界。施瓦兹多年来的坚持终于开花结果！几十年都不关心他们工作的人们，一下子从一个极端走到了另一个极端。弦论从无人问津变成被万众喝彩。

弦论开始有了它独特的使命，成为一个可能统一四种相互作用及所有基本粒子的量子理论。有关超弦的文章数呈指数增长：1983年16篇，1984年51篇，1985年316篇，1986年639篇。

不过，这是一个短暂的时期（1984—1986年）。这次超弦风暴，被誉为第一次超弦革命。

四、第二次革命（1994）

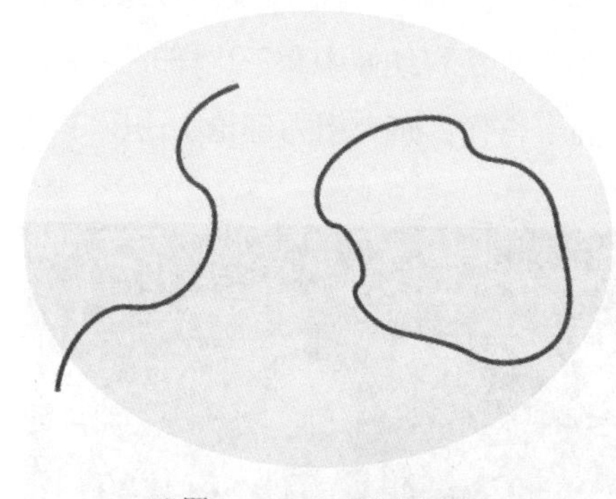

◎图5-4-1　开弦和闭弦

只靠自身逻辑而发展的理论，很难是唯一的。类似施瓦兹和格林那样，对自洽的条件进行检查和证明，大大地限制了理论可选的数目，但仍然不是唯一的。比如说，既然弦论的主角是“弦”，研究的是弦在时空中的运动，那么我们可以首先考虑弦的最简单（拓扑）形态，这类状态基本有两种：一段线，或者是一个橡皮圈。我们把它们分别称为“开弦”和“闭弦”，如左图所示。

施瓦兹一开始将开弦和闭弦都包括在内，建立了I型弦的理论。之后，他发现了该理论存在一些问题，便把开弦排除在外而仅仅用闭弦来建模，被称为II型弦理论。这儿闭弦的形态是少不了的，一是因为开弦两端接在一起便成为闭弦，二是因为唯有闭弦的运动才能产生引力子，解决引力问题。接着，施瓦兹等发现，仅有闭弦便能建立两种自洽的超弦理论：IIA 型和 IIB 型弦理论。

威滕支持弦论后，他的老师格罗斯也参与进来了。格罗斯和他普林斯顿的三位同事，成立了一个小组，号称“弦乐四重奏”。这四员大将，创立了混合弦（或译杂弦，heterotic string）的理论，其中的闭弦由 26 维时空的玻色弦和 10 维时空费米弦混合“杂交”而成。有两种杂弦论：拥有 32 维旋转对称性 SO（32）的 O 型杂弦和对称性为 E8×E8（注：E8 是 248 维对称体）的 E 型杂弦。因此，当年的自洽弦理论共有五个不同的版本：I、IIA、IIB、SO（32）、E8×E8。

五个弦论版本虽不算多，但也令人困惑：为什么不存在一个一致的表述？这几种弦论都是自洽的，却难以说明哪一种是正确的，结果便导致了一些争论，弦论的第一次革命在五种超弦理论的争吵声中结束了。

随着物理学家开始更仔细地研究弦论，他们意识到这几个理论以不平凡的“对偶”方式联系在一起。例如，某些情况下，强相互作用的弦论系统可以被视为弱相互作用的另一种弦论系统。这种现象称为 S 对偶。此外，不同的弦理论可能与不同时空几何的 T 对偶相关。对偶性意味着，不同的弦论版本在物理上可能是等效的。1994 年，威滕证明，五种超弦彼此是对偶的！它们只是一个 11 维的母（Mother）理论的五种不同的极限情形。这个母理论就是后来所谓的 M11 理论。而从此之后，对偶性作为一种全新的理论框架纳入了人们的视野。威滕宣布这一消息后的几个月，互联网上出现了数百篇新论文，从不同方式证实了他的提议。这可以说是弦理论发展以来，最引人注目的进展，被称为弦论的第二次革命。

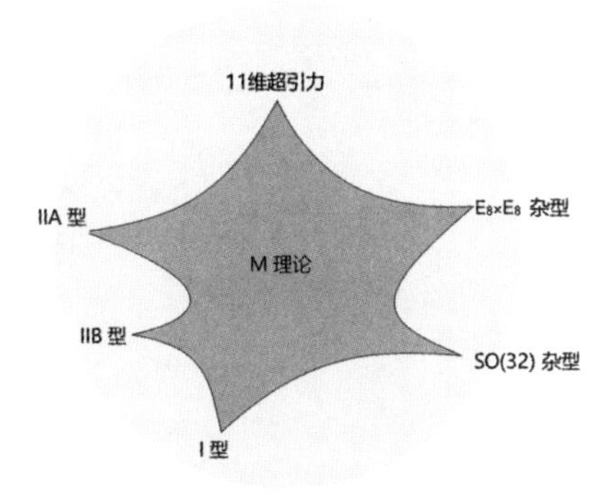

◎图 5-4-2　M 理论统一了五个超弦理论及 11 维超引力理论

至于 M 理论中的 M 表示什么意思，则众说纷纭。最初，一些物理学家认为新理论是有关膜的基本理论，M 代表 Membrane，但是威滕当时对膜的作用持怀疑态度。因此，威滕曾经建议：M 应该代表“魔术”，“神秘”或“膜”，根据自己的口味而定；当该理论的更基本表述被了解时，再共同决定 M 的真正含义。总而言之，从本质上讲，M 理论统一了当时存在的五种弦论及 11 维的超引力理论。

第六章

弦论不玄

XIANLUN BU XUAN

“假作真时真亦假，无为有处有还无。”——《红楼梦》

一、弦论的时空

使用一个不完全恰当的比喻来描述物理理论：它就像正在上演的一部大戏。戏剧最重要的成分有三个：舞台、演员和剧本。对物理理论而言，也是如此：物理理论的大舞台就是我们的宇宙；世间万物，或者说，构成万物的基本元素，是舞台上形形色色的各种“角色”，即演员；而万物遵循的物理规律，即游戏规则，便是“剧本”。

在弦论之前的物理学中，无论是牛顿还是爱因斯坦，大多数理论（除少量例外）的舞台就是我们众所周知的、熟悉的 3 维空间，加上时间，被称为“4 维时空”。例如，曾经介绍过的标准模型，便是 61 种“基本粒子”在“4 维时空”中遵循量子规律而上演的一部大戏。这些基本粒子包括传递相互作用的玻色子和构成物质的费米子。所有基本粒子都被认为是没有结构和大小的“点”状粒子。

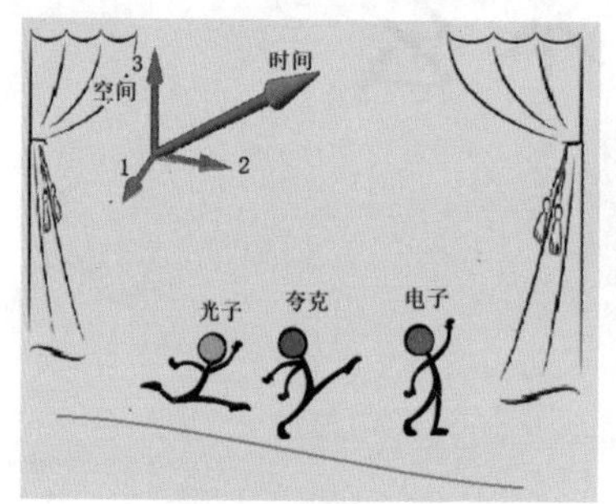

（a）标准模型的舞台是 4 维时空
演员是各种基本粒子（0 维）

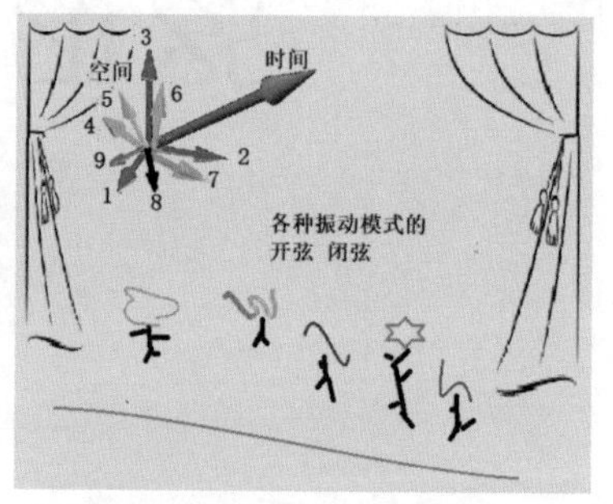

（b）超弦理论的舞台是 10 维时空
演员是各种振动模式的弦（1 维）

◎图 6-1-1　弦论的空间与众不同

如图 6-1-1 所示，到了弦论，仍然是三个要素，但它们的内容改变了。舞台从 4 维变成了超弦的 10 维，或者 M 理论的 11 维；角色从（0 维）点粒子变成了（1 维）的“弦”（或者可以推广到 2 维膜、3 维等等）；“剧本”，即万物遵循的规律，在弦论中固然也有所不同。以后将陆续介绍这些不同点，本节仅涉及第一个要素：弦论的舞台，即弦论中与时空和维度有关的概念。

众所周知，我们生活的空间是 3 维的，也就是通常所说的“前后、左右、上下”三个不同的方向。如果再加上时间算 1 维的话，也可以说，我们的世界是一个4维时空。

仅就数学意义而言，维度是可以扩展的，多几个维度不过就是多几个描述事件的数值而已。例如说到一次地震发生的事件，除了“北纬、东经、深度、时间”四个“时空点”数值之外，还可以加上“震级、烈度、死亡数”等其他资料，这就相当于扩展了事件的维度数。

然而，在弦论中，并非简单地增加参数，而是认为宇宙的“时空”是10维的，也就是说，除了1维时间之外，超弦理论认为我们生活的空间是9维的。这是怎么一回事呢？应该到哪儿去寻找这多出来的、我们感觉不到的几个空间维度？弦论学家们对此的解释是：因为那几个额外的维度被“卷缩”起来并且“隐藏”在了一个非常小的尺度中。

这个隐藏的6维卷缩空间是什么样的？这难以表述，并且不止一个选择性，不过学界认为，最适当的模型是卡拉比－丘流形。

二、卡拉比－丘空间

科学就是如此奇妙，很多时候，物理学家和数学家经常从完全不同的理由出发，独自进行研究，最后却发现走到了同一条路上，得出了某种相同的结构，卡拉比－丘空间的发现是此类实例之一。

1. 丘成桐与物理学家

卡拉比－丘空间中的“丘”，指的是著名的美籍华裔数学家丘成桐（Shing-tung Yau，1949—　），他因为成功地证明了卡拉比－丘猜想获得了1983年的菲尔茨（Fields）奖。

数学家卡拉比（Calabi）最先（1957年）就某一类流形提出了一个猜想，那是纯粹作为几何问题而提出的。丘成桐于1978年证明了这个猜想，从此后，卡拉比－丘空间便成为他的“掌上明珠”。然而，他却丝毫不知道有一批理论物理学家和数学物理学家，也逐渐被这种类型的几何结构所吸引，那几年，他们正在“众里寻他千百度”呢，但万万没想到，这灯火阑珊处，原来就在离得不远的数学界！

1984年，丘成桐接到他以前的博士后Gary Horowitz和好友Andrew Strominger的电话。他们告诉丘成桐，最近他们的工作中，发现弦论中蜷缩起来的额外 6 维空间，就应该是卡拉比 - 丘空间。他们的结果发表在（Candelas - Horowitz - Strominger - Witten）1985 年的文章里。四位弦论研究者是坎德拉斯（Philip Candelas，1951—　）、霍洛维茨、斯特罗明格（Strominger，1955—　）和威滕。这篇革命性的论文中，他们发现超弦理论中额外的 6 维空间是复 3 维（实 6 维）的卡拉比 – 丘流形。这使得卡拉比 – 丘空间成为之后 30 年来数学和物理中非常热门的课题。一些非常重要的数学问题由于弦论所激发的灵感得以解决，而数学为验证弦论所激发的构想是否正确或自洽，提供了一种方式。

丘成桐深刻感受到物理学家的直觉对解决数学问题的作用，但以上所述并不是第一次使他吃惊的例子。丘成桐与四位作者之一的威滕早有交集，因为他有关流形的研究工作本来就与广义相对论弯曲时空性质有关。广义相对论中有一个正能量定理（或称正质量猜测）。丘成桐使用非线性偏微分方程中的极小曲面理论，在 1979 年对此猜想给出了一个完全的证明。这在当时是一个了不起的工作，是丘成桐之后获得 Fields 奖的主要成就之一。

1981 年的一天，物理学家戴森来敲丘成桐普林斯顿高研院办公室的门，向他引荐了年轻的物理学家威滕。当时只有 30 岁的威滕用线性偏微分方程理论，源于物理中经典超引力的思想，用 Dirac 旋量的方法，对正能量猜测给出了一个十分简洁的证明。物理学家尤其喜欢威腾的证明，因为他们不需要再钻研数学中复杂的极小曲面理论了。这个另辟蹊径的证明让丘成桐震惊。之后，威滕于 1990 年获得菲尔茨奖。

◎图 6-2-1　数学家丘成桐和弦论学家威滕

2. 弦论的 DNA

从物理学的角度看，卡拉比 – 丘空间最简单的特性，可以用一句话来描述：是一个“里奇平坦的、紧致的复流形”。以下首先就这三方面作简单介绍。

复流形是具有复数结构的流形。流形则可以简单地被理解为局部平坦的空间，换言之，其上的每个小区域看起来都像普通的欧几里得空间（本文以后将不区分“流形”和“空间”，两个词汇通用）。那么，复流形就是能被一族具有复数坐标的邻域所覆盖的空间。一个 n 维复流形也是 $2n$ 维的（实）流形。例如，图 6–2–2 是 1 维复流形（2 维实流形）的几个特例。

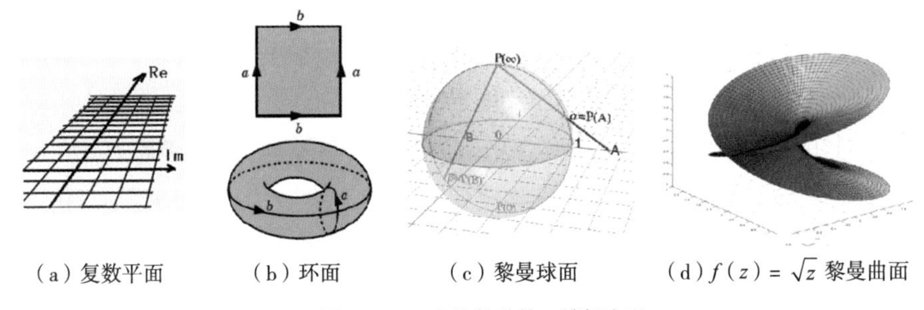

（a）复数平面　（b）环面　（c）黎曼球面　（d）$f(z)=\sqrt{z}$ 黎曼曲面

◎图 6–2–2　几种特殊的 1 维复流形

复数平面是最简单的、平庸的 1 维复流形（a）。图 6–2–2b 所示的环面（Flat torus）是卡拉比 – 丘流形的实 2 维类比。黎曼球面（c）和平方根黎曼曲面（d）是黎曼流形的例子。

紧致性流形是因为空间弯曲而造成的图形，如图 6–2–2b 和 6–2–2c 所示。紧致性，有其严格的数学定义，在丘成桐先生的科普书《大宇之形》中，将其简单地解释为“范围有限”。我们也不妨使用康奈尔大学麦卡利斯特（Liam McAllister）的话来这样直观理解紧致性：“可以用有限块有限大小花布缝制的被子来完全覆盖它。”卡拉比 – 丘流形属于紧致性流形，因此，将它用于弦论中时，我们这些 4 维时空的居民，根本看不到这个紧致极小的 6 维空间。尽管它无处不在，系附在我们世界的每一时空点。这个看不见摸不着的空间，对我们的 4 维时空有着深刻的影响。弦论学者们认为，原则上，只要我们知道这个紧致空间确切的形状，我们就知道了一切。也有人说“宇宙密码可能写在卡拉比 – 丘空间的几何性质中”，就像人体 DNA 记录了人体的秘密一样。因此，弦论的创建者之一，斯坦福大学物理学家萨斯金（Leonard Susskind）宣称，卡拉比 – 丘流形是“弦论的 DNA”。

里奇平坦的意思是该空间的里奇曲率为零。那么，何谓里奇曲率呢？我们在第四篇“引力之谜”中黎曼几何的部分介绍过这个名词，请读者回过头去复习一下。具有黎曼几何的基础，才更容易理解下一节的内容。

3. 里奇平坦

里奇曲率为零，意味着里奇张量和里奇标量都为零。根据图 4-2-2 所示的爱因斯坦引力场方程，里奇曲率和物质场紧密相关，所以，里奇平坦空间是没有任何物质和能量的空间，也就是不考虑宇宙常数的“真空”。换一个说法：里奇平坦空间是爱因斯坦引力场方程的一个真空解。真空解可以是平庸的，例如完全平坦如闵可夫斯基空间那样的，固然没啥意思，也不予考虑。然而，因为里奇曲率是“平均”值，只是真实曲率的一部分，它为零并不等于黎曼曲率为零。于是，有趣的问题产生了：假如一个空间是全无物质和能量的真空，它还会弯曲（即有引力）吗？

上述问题也可以说是当年卡拉比提出的问题的一种物理方式的粗略表述，尽管他是完全从几何的角度出发。卡拉比自己猜测这种空间存在，他的猜想最后被丘成桐严格证明了。所以，卡拉比 - 丘空间是存在的，并可以被简单表述成是“紧致的、非平庸的、爱因斯坦方程的真空解”。

空无一物的空间仍然有曲率、有引力、有复杂的几何及拓扑性质，这对物理学家太有吸引力了！并且它又是紧致的，可以将它塞到我们 4 维时空中的每一点。看不见摸不着却能产生物理效应，生成宇宙中的物理规律，解释标准模型等，还能将水火不容的引力与量子结合到一起，这不正是理论物理学家所需要的吗？

卡拉比 - 丘流形是复流形，可以是任何偶数维度的实空间。复 1 维（实 2 维）的卡拉比 - 丘流形，就是图 6-2-2b 所示的 2 维抽象环面，它完全平坦，所以意思不大。复 2 维的 K3 曲面在弦理论中扮演重要角色，因为它具有除环面之外最简单的紧致性。

弦论中最重要的是 6 维（复 3 维）的卡拉比 - 丘流形，因为它恰好提供了超弦需要的六个额外维度。不过，复 3 维卡拉比 - 丘流形不止一个，也不是如丘成桐先生开始时花了很大功夫才确认的那几个，而是有成千上万个！每个均具有不同的拓扑形态，是弦论方程的不同解。在每一种拓扑类别里，又有很多种可能的几何形状。这个事实给弦论学家们脑海中投下一个巨大的阴影。

卡拉比 - 丘是一类特别的 6 维流形，是无法画出来也难以想象的，一般在图中显示的只是它的低维截面图。因此，读者不用纠结于“它到底长什么样”的疑问，而将它大概理解成极小又缠绕得极紧的“一团东西”，隐藏于我们看不见摸不着的“额外维度”中。

三、时空中的弦

上面所介绍的卡拉比－丘流形，因拥有特殊的拓扑性质，成为解释弦论中额外6维紧致空间的核心。然而，6维卡拉比－丘流形的拓扑形态众多，几何结构非常复杂，难以直观想象。因此，一般而言，在以解释物理图像为重点，无需细究“额外6维空间”的数学性质时，我们使用紧致化中最简单的6维环面，来代替复杂的卡拉比－丘流形。

1. 平坦环面

说到环面，我们经常想到的是甜甜圈形状，但是拓扑学家们偏向于一种以更抽象的方式来描绘的环面。在图6–3–1a中，我们将它画成一个长方形。

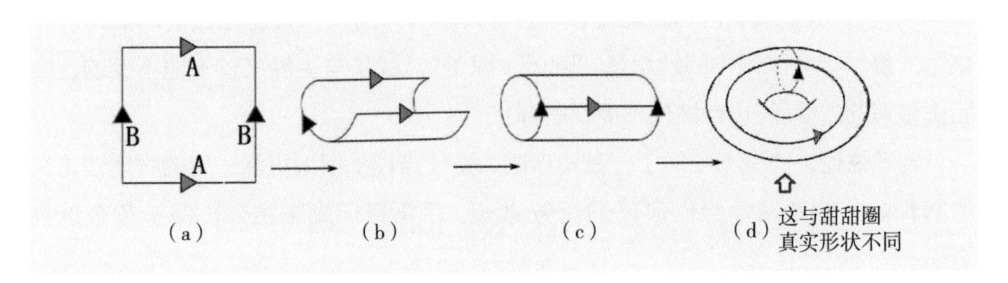

◎图6–3–1　平坦（2维）环面形成过程

图6–3–1a的方形中，“A”箭头所对应的两条边将会被粘合在一起，“B”箭头所对应的两条边也将会被粘合在一起。也就是说，如同科幻片中见到的那样：当你从长方形上方的A边走出长方形时，你会在下方的A边上出现；当你穿过长方形右边的B时，你会在左方的B边现身。

如此而形成的2维环面，被称为“抽象环面”，或“平坦环面”（Flat Torus），它的形状不同于甜甜圈。事实上，如图6–3–1所示：两条A边粘合后形成柱面，这第一步没有任何问题。然而，第二步，当我们将图c柱面的两端（B）粘合起来后，我们不可能得到真正甜甜圈的形状，即图6–3–1d所示的那种平滑无皱褶的曲面。这里有一个深层的原因，因为抽象环面来自一个平坦的长方形，本质上是平坦的，（内蕴）曲率为零。而通常所见的甜甜圈的内蕴曲率不为零。抽象环面与甜甜圈的内蕴性质不一样。

尽管抽象环面不能被平滑地嵌入 3 维空间中，却很容易依赖想象来理解它的拓扑性质。

最简单的环面是 1 维的圆圈，图 6–3–1 构建的是 2 维环面，其方法可以推广到更高的维度。例如，设想一个长方体，它有六个面：（A，A'）、（B，B'）、（C，C'），两两互相平行。想象将 A 和 A' 粘合在一起，B 和 B'、C 和 C' 也粘合在一起，便构成了一个 3 维的抽象环面。同样的方法可以构建任意 n 维的抽象环面。

2. 如何描述弦

弦论中如何描述弦？首先我们想想传统物理学中如何描述点粒子。基本粒子的特性包括质量、电荷、色荷、自旋等等。不过，在粒子物理的标准模型中，点粒子是没有大小可言的一个点，不可能解释它们为什么有这些属性，通常听到的解释话语是：这些都是基本粒子的内禀属性。“内禀”二字，将我们远远地挡在粒子的内部之外，这也正符合点粒子模型，因为一个“点”是没有“内部”可言的。没有内部结构，当然就解释不了质量或电荷这些数值从何而来，只能把它们归结为“内禀”。“禀”字在汉语中的意思是“赐予、赋予”，就是与生俱来、永恒不变的，娘胎里带来的“性质”，自然也不需要解释！

到了弦论，情况不一样了。弦论自诩为是比点粒子模型更深一层的物理理论，将解释这些内禀属性当作自己的任务之一。尽管目标尚未达到，但毕竟有这种意愿。

这是一个美妙的目标和愿望。例如，基本粒子为什么有各种不同的质量 m ？根据爱因斯坦相对论中的质能关系，质量 m 也就对应内部能量 E。那我们来看，弦论中如何描述弦？又如何从弦的属性，来得到其内部的能量属性？

弦可以是闭的，也可以是开的。闭弦是一个圈，开弦是一根有两个端点的线，见图 6–3–2。无论开弦闭弦，都可以规定一定的方向。弦论不止一种，有的弦论用不同方向的弦，代表不同的“荷”；也有的认为开弦的端点可以视为带荷的粒子。例如，一端可以是带负荷的电子，另一端可以是带相反电荷的正电子。第二次弦论革命后，威滕提出 M 理论，用对偶性将五种不同的弦论统一在一个共同的 10 维（9 维空间 +1 维时间）的框架里。

所有的弦论都包括闭弦，因为一般认为：只有闭弦的振动才产生引力子，开弦产生其他粒子。开弦或闭弦在 10 维时空中的运动，可以分解为其质心的运动及弦本身绕质心之振动两部分。我们更感兴趣弦绕质心之振动部分。

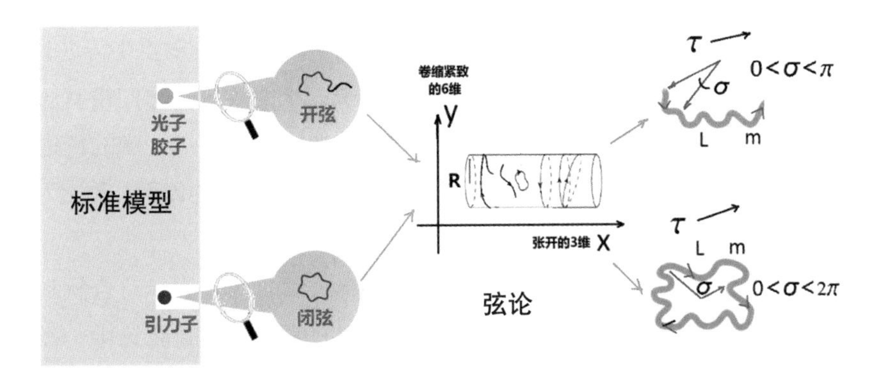

◎图 6-3-2 开弦和闭弦

假设一根“弦”，长度为 *L*，质量为 *m*，如图 6-3-2 中最右边的图所示。弦可以被看作是 n 个部分由 n-1 个弹簧链接起来的长度为 L 的一串，或者说，类似于一个有弹性 L 长的橡皮绳（圈）。绳子的每个小部分如同一个谐振子，小振子的振动用相对位置变量 σ 和时间变量 ▼ 描述。对开弦而言，σ 的变化范围从零到 ❐；而对闭弦，范围从零到 2 ❐，如图 6-3-2 右图所示。

弦论学家认为，弦的质量 m 便来源于所有这些小振子的振动能量。显而易见，总能量 E（或质量）与弦的长度 L 有关，也与橡皮绳或某种材料的弹性系数（张力）有关。弦长 L 应该是个很小的数值，属于普朗克尺度范围，但这点并不妨碍我们建立模型。

根据以上模型，一定长度的弦应该有一个最小质量，即所有谐振子都处于基态时候的总能量。人们惊奇地发现，为了保证光子的零静止质量，弦论只能容许空间是一定的维度。计算得到，对最早的玻色弦论，空间维度只能是 25；对后来的超弦论（包括超对称的弦论），空间维度只能是 9。这就是弦论中 10 维时空的来由，我们之后在 6.5 小节中将作更为详细的讨论。

3. 膜——弦概念的扩展

膜，是弦的概念向高维空间的推广，最早来自与弦论相关的超引力理论。如今的弦论中经常谈到的膜，有 p 膜和 D 膜。

称为 p 膜（p-brane）的物理实体，是将点粒子的概念推广至 1 维、2 维，以及更高维度而产生的。举例来说，点粒子可以被视为零维的膜，而弦则可视为 1 维

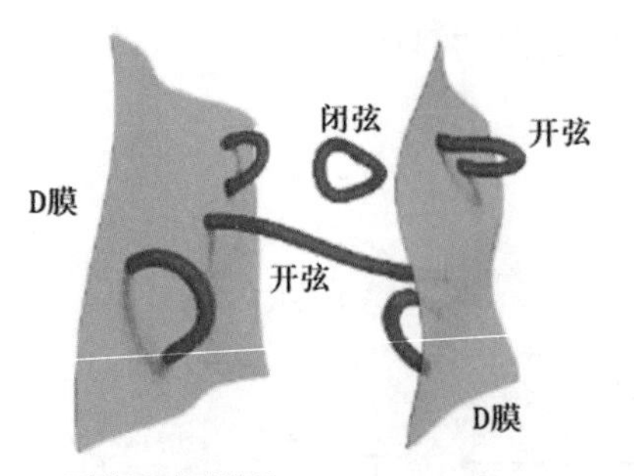

◎图 6-3-3 D 膜上的开弦

的膜。通常意义上的“膜”是2维的。此外，也可能存在更高维的膜。

p 膜是动力学物体，在时空中行进时，所根据的是量子力学的规则。它们带有质量与其他性质，例如电荷。一个 p 膜的行进在时空中扫出了（p+1）维度的体积，称之为世界体积（world volume）。

另一类膜叫作 D 膜，表示符合狄利克雷（D）边界条件的膜。D 膜是弦论中一类很重要的膜，与开弦在时空中的运动有关。当开弦在时空中行进时，开弦的端点必须在 D 膜上。对 D 膜的研究导出了与对偶性有关的重要成果。

4. 紧致空间中的闭弦

可以将弦论的空间分为伸展的大空间和卷曲的小空间。使用图 1–2–3 中“电缆线上蚂蚁”的比喻：我们看见的电缆线是 1 维大空间，而线上的蚂蚁则能看见另一维卷曲的圆圈（小空间）。

超弦论中的大时空是 4 维的，卷曲紧致的小空间是 6 维的。4 维和 6 维都无法用平面图像显示出来，但是，为了用图形来解释概念的方便，我们将弦论的 10 维时空简化为图 6–3–4a 的长圆柱体，看起来像是蚂蚁眼中的 2 维电缆线。用沿着电缆线方向的那 1 维，代表 4 维大时空；用电线的截面圆圈，代表 6 维小空间。如此比喻的话，10 维时空中的开弦闭弦，就是小蚂蚁了。

也就是说，图 6–3–4 中无限延伸的 x 方向代表我们熟知的 4 维时空，y 方向

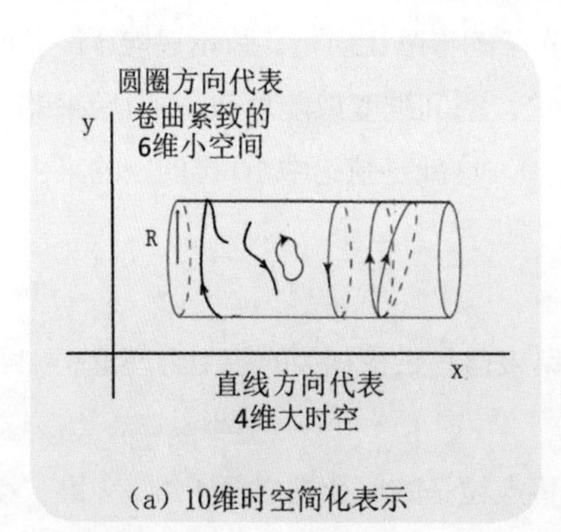

(a) 10维时空简化表示

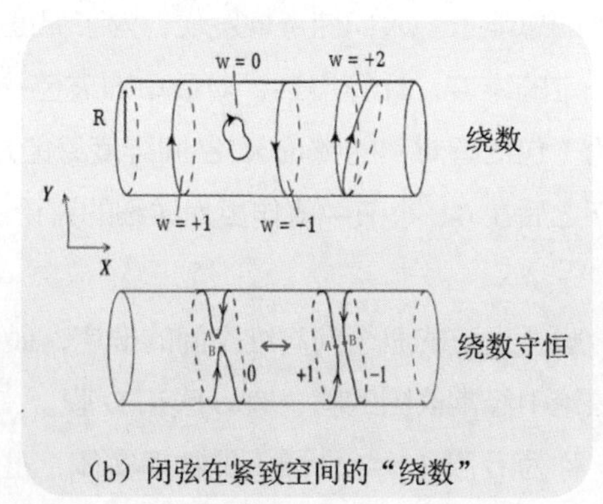

(b) 闭弦在紧致空间的“绕数”

◎图 6-3-4 弦论空间和“绕数”的示意图

卷曲的小圆代表六个额外小维度。这个6维空间可以是卡拉比－丘流形，也可以简单地理解成本篇所说的6维抽象环面。对6维环面而言，图中的R就不是一个数值而应该被理解为代表六个数值了。

从点粒子到弦论，并非所有物理量都有相应的类比物，弦的特殊性会产生某些点粒子模型中没有的性质，我们以闭弦在紧致空间中的“绕数”为例，它就是4维时空的标准模型中没有的物理量。

如图6–3–4所示，10维时空分成一大一小，其中弦的运动也可以从这两个方面的运动来讨论。也就是说：弦，除了在大的4维时空中运动外，还能绕着紧致空间运动。闭弦的这种运动更是尤其特殊，因为闭弦可能有一种特别的状态，就是绕在某一个（或多个）紧致的维度上，可以绕上1圈、2圈，或者很多（n）圈，见图6–3–4b。于是，闭弦便多了一种量子态，用一个新的量子数表征这个量子态，叫作“绕数”。

开弦没有绕数的概念，因为开弦在拓扑上等效于一个点，“绕”不起来。

当缠绕在紧致维度上的闭弦发生相互作用时，总绕数是一个守恒量。

图6–3–4b中的上图，举出了绕数w=0、w=+2、w=+1、w=–1的例子，下图表示了一个闭弦的变化（等效）过程（从左到右），可用以简单地说明绕数守恒：开始时，闭弦只是放在圆柱上，没有绕圈，因此w=0；闭弦上的点A和B接近后相互作用，成为w=1和w=–1的两个闭弦，但绕数之总和仍然为零。

四、弦的运动规则

卡拉比－丘流形或者抽象环面，作为6维紧致空间，加上我们熟悉的、大范围尺度上展开了的4维时空，构成弦论的10维时空，是“弦”活跃的舞台。也就是说，弦论中有两种舞台：4维时空大舞台和6维的小舞台。

除了舞台和演员之外，还得有剧本，即游戏规则。对物理学而言，游戏规则又有量子及非量子（经典）之分。

1. 经典弦的运动

弦在空间的运动规律可以从点粒子的运动规律推广而来。首先我们看看如何将经典点粒子规则推广到经典弦。

牛顿力学中，点粒子的轨迹是3维空间中随时间变化的一条线。相对论中，将粒子在 4 维时空中运动的轨迹称为“世界线”，见图 6–4–1a。弦论中，0 维的点粒子被（更小的）1 维的弦运动代替了。弦在时空中运动的轨迹则用轨迹面代替，称之为“世界面”，如 6–4–1b 所示。更进一步，如果运动的实体是 2 维的（膜），时空中的运动轨迹便叫作“世界体”，如图 6–4–1c 所示。

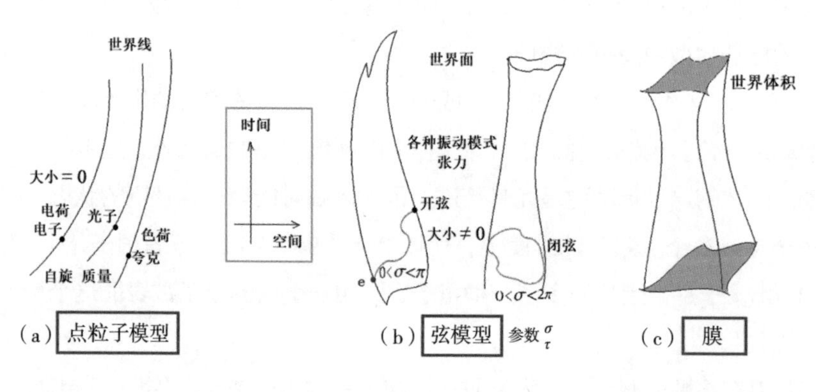

◎图 6–4–1 粒子 vs 弦（或膜）

相对于无大小的点粒子模型而言，弦模型有许多优越性，解决了点粒子的无穷大问题是其一。弦论常被认为是对付引力量子理论中出现无穷大的唯一办法。

在经典电子学中就存在无穷大困难。经典物理中，可以将电子当作一个半径 r 的小球，电子的质量公式为 $m=e^2/rc^2$。当 r 趋近于零时，质量成为无穷大。最后，经典电子论通过引进电子的有限半径（非点粒子）免除了这一发散。在量子场论中，则需要使用重整化的方法消除无穷大，但引力场不能重整化，从而使它不能被包括到标准模型中。

然而，对弦论而言，重整化变得无关紧要，因为弦不是点，弦有尺寸大小，自然而然地去除了点粒子的发散问题。

从场论的角度，比较标准模型来说，弦论的另一个优点是更为简化。量子场论在数学上可以有无穷多种，因此可对应于无穷多种粒子。比如说，对应于标准模型的 61 种基本粒子，便有 61 种不同的量子场论。而在弦论中，只需要一种描述“弦”的量子场论就可以了，由此从概念上得以简化。

2. 量子化的弦

点粒子和弦运动的类比，很容易推广到其他情形，包括量子弦，及相互作用的情形。也就是说，点粒子时的线，在弦论中则用带状曲面（开弦）或管道（闭弦）

面来代替。

例如，图 6-4-1a 中的世界线，是经典粒子在 4 维时空中的轨迹。两个固定点之间的经典路径只有一条，但如果考虑量子力学，一个粒子从 A 到 B 的路径有无穷多条，经典路径（蓝色线）只是其中之一条（见图 6-4-2a）。图 6-4-2b 显示的弦论中的情况也类似：除了蓝色代表的经典世界面之外，所有可能的每一个世界面都对计算弦 A 到弦 B 的量子概率幅有贡献。

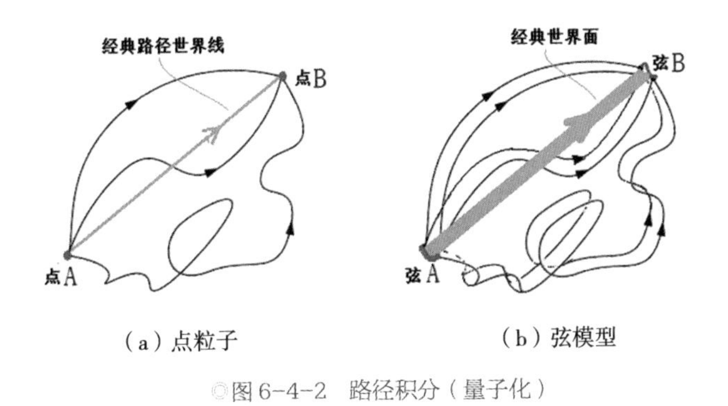

（a）点粒子　　（b）弦模型

◎图 6-4-2　路径积分（量子化）

根据量子场论，时空中的粒子，总是在不断地湮灭，又不断地产生。产生和湮灭一类的相互作用现象用各级费曼图来进行描述和计算，弦论也不例外，只是如上所述，相应的线段需要用“面”来替代而已（见图 6-4-3）。由图 6-4-3a 可见，开弦和闭弦的世界面看起来有所不同：开弦的世界面像是意大利面条，闭弦的世界面像通心粉。

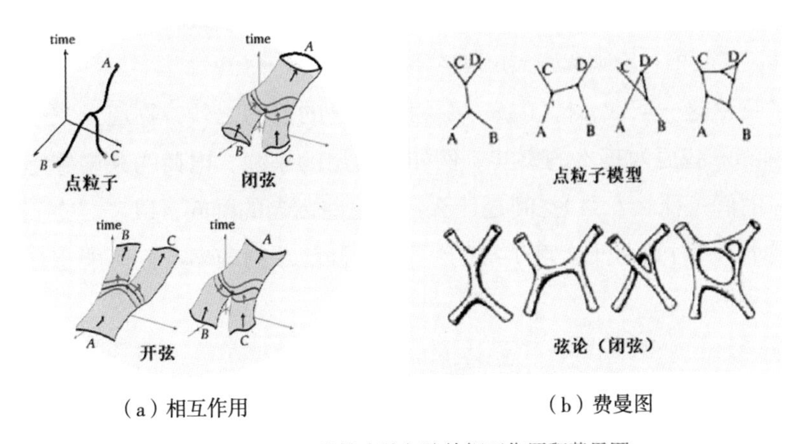

（a）相互作用　　（b）费曼图

◎图 6-4-3　弦论中弦与弦的相互作用和费曼图

五、多维空间的维度

有人认为，弦论最邪乎的一点就是多维空间。我们的空间明明是3维的，干吗要多此一举，加上这么多的额外维度？然后，又不知如何来说明这些看不见摸不着的维度，便“编出”一套什么紧致化、卷曲化之类的说辞，来解释它们。

上面的说法当然是外行人加给弦论学家的，这是因为外行人不了解弦论发展过程中的许多细节的缘故，所以，现在我们就来介绍一下弦论额外维度这个想法的来龙去脉。

1. 弦论的时间空间

如果不算时间，最早的玻色弦论的空间是25维、超弦论是9维，M理论是10维。这些数字其实是有来由的。为何刚好选中了25、9、10这几个数值呢？那是因为，只有当空间是这些维数时，我们才能得到自洽的理论，否则便会出现一些奇怪的“反常”结果。诸如概率大于1、负概率、光子质量不为零等等。

一个物理理论，决定了空间的维度数目。这的确是前所未有的。弦论之前的理论物理，无论是经典、量子，或相对论，对空间的维度都没有任何限制。这些理论固然也是毫无疑问地默认“3维空间”，但就理论本身而言，搬到多少维的空间中也是照样成立的。

说奇怪也不奇怪，基础物理学的目的是为了解释世界，回答一个又一个的“为什么”。这种解释是一层一层逐步展开的：经典物理解释的是人人都可见的宏观现象；量子物理解释一般人不了解，但实验室能观测到的微观世界；狭义相对论解释高速运动；广义相对论则解释大尺度的宇观世界。

到了弦论这一层次，除了统一引力和量子的目的之外，物理学家们也希望理论能解释一些更为基本的事实。例如：质量的来源、电荷的来源等等。其中也包括“时间是什么？”“空间是什么？”这些古老的疑问，以及“空间为什么是3维的？”“时间为什么是1维的？”，这种前辈物理学家们可能想都没想过的问题。

2. 限制维度以使光子质量为零

根据弦论模型，弦的不同振动产生不同的粒子。例如：以A方式振动产生夸克，以B方式振动产生中微子等等。弦的振动产生了现有理论中的“基本粒子”，基本粒子又构成了世界万物。

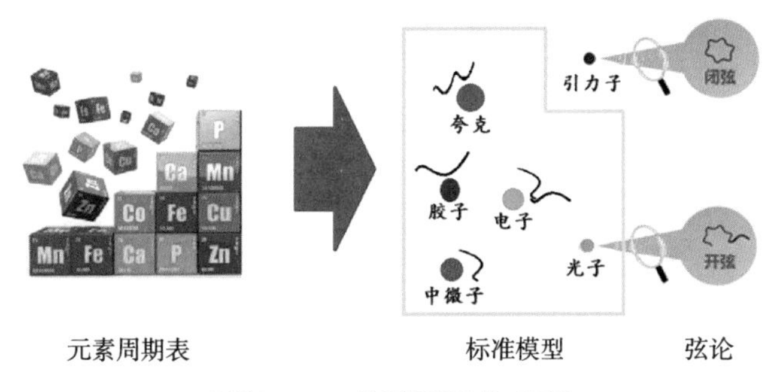

◎图 6-5-1　弦不同振动构成万物

特别要指出的是，弦论认为：引力子由闭弦的运动产生，光子则由开弦的振动产生。这两种粒子的静止质量都为零，而弦论中空间的维度数目，便与光子静止质量为零这一点有关。

光子的静止质量，即最小质量，由光子可能有的振动模式决定：

光子静止质量 = 光子弦基态能 + 光子弦振动能。

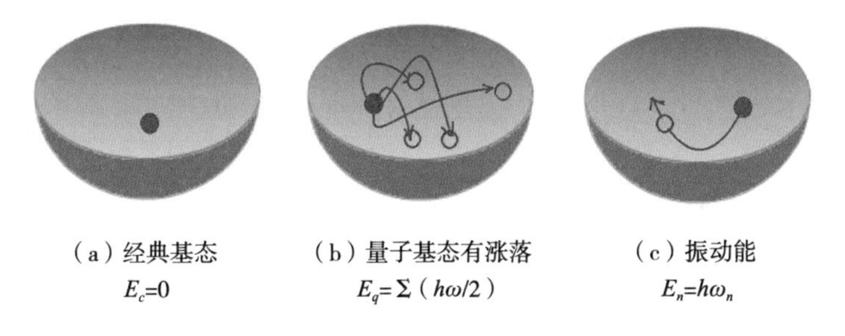

◎图 6-5-2　谐振子的基态能和振动能

基态能是最低的能量态，是一种“量子涨落”，与“振动能”不是一码事。

图 6-5-2 给出的是谐振子的基态能和振动能示意图。如果从经典物理的观点，基态能量应该为零，$E_c=0$，谐振子静止在碗中心的最低处（见图 6-5-2a）。然而，如果考虑量子规律，遵循不确定性原理，每个基态的能量都不可能为零，对所有可能的振动模式求和后便是基于“量子涨落”的基态能，谐振子不可能完全静止，见图 6-5-2b：$E_q=\Sigma\ (h\omega/2)$。而振动能表征的是某种激发态（$E_n=h\omega_n$）（如图 6-5-2c）。

现在我们考虑对应于光子的开弦的能量。与图 6-5-2 所示谐振子情况类似，只是光子是 D 维空间的一条开弦，它的振动情况显示在图 6-5-3a 中。

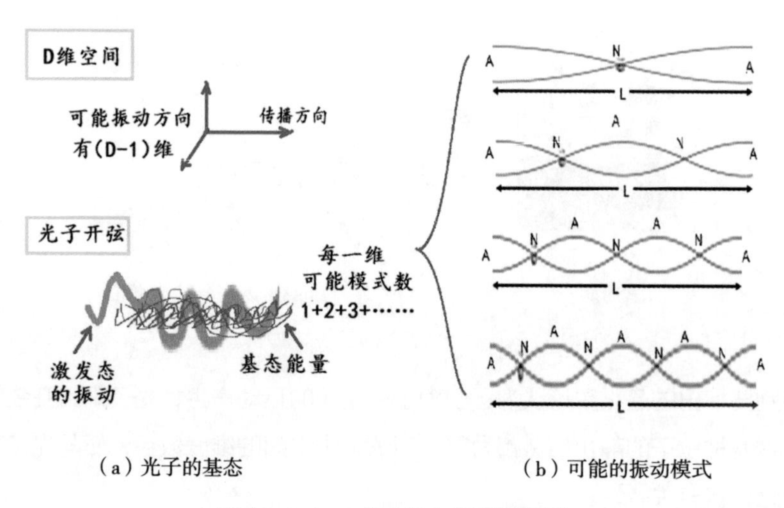

（a）光子的基态　　（b）可能的振动模式

◎图 6-5-3　D 维空间中光子弦的振动

首先考虑最早的玻色弦论。图 6-5-3a 中，假设在 D 维空间中的光子的传播方向如红色箭头所示。因为光子的振动是横波，所以在传播方向没有振动。因此，可能的振动发生在除了传播方向之外的其他（D-1）维空间中。对每一维空间，振动可以取无穷多种（1+2+3+…）模式，如图 6-5-3b 所示。总的可能的模式数目：

$$M=(D-1)\times(1+2+3+\cdots)=(D-1)\times S_{自然数}$$

总模式数决定了光子基态的能量，再加上激发态的振动能（根据弦论的光子模型，这个数值是 2）。因此，光子最小质量：

$$m_0=(D-1)\times S_{自然数}+2$$

这里导致了一个奇怪的问题：为了使得光子最小质量 $m_0=0$，可能的模式数目 M 要等于 -2。这看起来是不可能的，因为 $S_{自然数}$（简写为 S）是所有的自然数之和，应该是个无穷大的数值。

因此，我们这儿插一段数学，研究一下 $S=1+2+3+\cdots$，所有自然数之和。

其实，我们在中学时就知道了，这个级数不收敛，趋于无穷，有啥可研究的呢？不过，对这个问题，数学家们也绞尽了脑汁，而我们呢，只需要理解一下结果就好了，何乐而不为呢？先讲一个故事。

3. 拉马努金的故事

拉马努金（Ramanujan，1887—1920）是印度数学家。听听数学家们对他的评价：出身普通，自学成才，未经训练，知识不多，依赖直觉，成果空前。

拉马努金只迷恋数学，在其他科目的考试中经常不及格。也没有正规的数学老师，直到被著名英国数学家戈弗雷·哈代（Godfrey Hardy，1877—1947）发掘。用哈代的话来说，拉马努金“对现代欧洲数学家的成果完全无知”，“就是个接受了一半教育的印度人”。

1913 年的拉马努金，穷困潦倒疾病缠身，却做了很多数学研究。他致信剑桥大学的哈代，提及了一大堆他所发现的数学公式。哈代带着困惑检验了这个印度小职员的研究成果，发现了好几个令他吃惊的玩意儿。他安排发出了一封剑桥大学的邀请函。于是，拉马努金离开妻子到剑桥待了近六年。之后因病返回印度后不久便去世了，只活了 32 岁。拉马努金惯以直觉导出公式，不爱作证明。据说他短短的生命中给出了 3000 多个公式，平均每年 100 个！他的理论往往被证明是对的。所猜测的公式还启发了几位菲尔兹奖获得者的工作。

在拉马努金致哈代的信中，就包括了自然数求和的问题。看看他的惊人答案：从 1 到无穷大的自然数之和，等于（−1/12）！

下面是拉马努金有关这个级数的笔记：

Another way of finding the constant is as follows — Let us take the series 1+2+3+4+5+&c. Let C be its constant. Then $c = 1+2+3+4+\&c$

$\therefore 4c = \quad 4 \quad +8 \quad +\&c$

$\therefore -3c = 1-2+3-4+\&c = \frac{1}{(1+1)^2} = \frac{1}{4}$

$\therefore c = -\frac{1}{12}$.

拉马努金对自然数无穷级数的求和给出了两种方法，一种极为不严格，一种极为严格。上面笔记中草草写下了不严格的理解方式。

哈代读信后的反应是“此人不是疯子便是天才”。但哈代对这个自然数求和的结论并不感觉惊讶和奇怪，因为早在 18 世纪的瑞士，数学家欧拉对此种发散级数就有所研究，后来的黎曼也用了他的 ζ 函数，对这个自然数求和得到了同样的、更为严格的结果。

4. 计算自然数之和

拉马努金对（– 1/12），有一个不严谨不靠谱的“证明”方法，就是他写到上面笔记中的方法。如今网上流传的与其大同小异。

·最简单的“理解”方法

将所有自然数之和记作 S。

$$S=1+2+3+4+5+6+\cdots$$

$$-4S= \quad -4 \quad -8 \quad -12 \quad -16 \quad -20 \quad -24\cdots$$

上面两个等式相加：

$$-3S=1-2+3-4+5-6+\cdots$$

然后，拉马努金利用函数 $1/(1+x)^2$ 的泰勒级数展开来计算上面的级数，

$$1/(1+x)^2=1-2x+3x^2-4x^3+5x^4-6x^5+\cdots$$

最后，设定 $x=1$，便得到：

$$-3S=1/(1+1)^2=1/4$$

由此得到 $S=-1/12$

拉马努金上面的“证明”是不可取的，因为那种“错位加减”不能用于发散级数，不同的错位加减，会导致不同的结果。但拉马努金很聪明，给出简单理解的同时也给出了严格的证明，那是与不同的求和定义有关。

·“和”的不同定义

“求和”是什么意思呢？“求和”不就是相加吗？

是的。但我们通常理解的传统求和定义，被称为是柯西（Cauchy）的“求和”。这个定义严格而又符合常理只是不能处理发散的无穷级数。数学家们就想：是否可以靠改变求和的定义来给无穷级数一个有意义的数值？为此数学家们定义了 Cesaro 求和、Abel 求和、拉马努金求和等。其中最简单的 Cesaro 求和，是用取“和的平均值”的方法。例如下面级数：

$$1-1+1-1+1-1+1+\cdots$$

是不收敛的，因为结果不趋于一个固定数，而是以相等的概率于 0、1 两个数之间摇摆。根据 Cesaro 求和，可以把结果定义为 1/2，尽管不是通常意义下的（Cauchy 和），却也容易直观理解，因为 1/2 是 1 和 0 的平均值。

如果和的平均值仍然不收敛的话，有些人就用“和的平均值”的平均值来定义，还可以进一步以此类推下去等等；或者用别的方法来定义“和”。据说拉马努

金就提出了一个求和方法，非常复杂难懂。我们就跳过去不介绍了。

· 解析延拓方法

还有另外一种方法处理发散的无穷级数：解析延拓。意思就是说将函数的定义域“解析”（严格）地扩大到原来不能应用的数域。

如何用解析延拓来解决自然数求和问题？还得从欧拉的研究说起。

远在拉马努金写信给哈代的一百多年之前，欧拉就研究了自然数求和的问题，并且也用不怎么靠谱的“错位加减”方法，得出了（−1/12）的结论。他在证明过程中，用了一个级数展开式：

$$\zeta(s)=\sum_{n=1}^{\infty}n^{-s}=\frac{1}{1^s}+\frac{1}{2^s}+\frac{1}{3^s}+\cdots$$

欧拉给出的这个 ζ 函数只定义在当 s 为正实数的情况。后来，黎曼研究该级数时，他首先把定义域扩展到了实部大于 1 的复数。然后黎曼证明了一个函数方程：

$$\zeta(s)=2^s\pi^{s-1}\sin\left(\frac{\pi s}{2}\right)\Gamma(1-s)\zeta(1-s)$$

其中的 $\Gamma(n)$ 是 Γ 函数：$\Gamma(n)=(n-1)!$。

用这个方程，黎曼将其 ζ 函数解析延拓到了实部小于 1 的情况。例如，如果在方程中令 $s=-1$，于是，等式右边中：$\Gamma(1-s)=\Gamma(2)=1$，$\zeta(1-s)=\zeta(2)=$ □2/6，…

最后便能得到：$\zeta(-1)=-1/12$。

· 洛朗级数展开

上面的方法，包括重新定义“求和”及解析延拓，实际上计算出来的结果，都可以说已经不是原来意义上的“自然数之和”了。不得不承认，这个（−1/12）的确与自然数之和有关系。但是，较劲的人仍然心存疑惑：原来的无穷大躲到哪里去了呢？

因此，我们介绍另一种洛朗级数展开的方法。

泰勒展开将函数展开为幂级数（幂次包含零和正整数）。有时无法把函数表示为泰勒级数时，也许可以展开成洛朗级数（Laurent series）。洛朗级数是幂级数的一种，它不仅包含了正数次数的正项，也包含了负数次数的项，如下所示：

泰勒展开　$$f(x)=\sum_{n=0}^{\infty}\frac{f^{(n)}(a)}{n!}(x-a)^n$$

洛朗展开 $$f(z)=\sum_{n=-\infty}^{\infty} a_n(z-c)^n$$

例如，对自然数求和公式：

$$S_0=\sum_{n=1}^{\infty} n\mathrm{h}\ h$$

我们考虑复变函数：

$$S_\varepsilon=\sum_{n=1}^{\infty} ne^{-\varepsilon n}$$

在 ε 的零点附近的洛朗展开：

$$S_\varepsilon=\sum_{n=1}^{\infty} ne^{-\varepsilon n}=\boxed{\frac{1}{\varepsilon^2}}\ \boxed{-\frac{1}{12}}+\boxed{\frac{\varepsilon^2}{240}+O(\varepsilon^4)\ 。}$$

$$\infty \longleftarrow \varepsilon\to 0 \longrightarrow 0$$

所以，−1/12 的结果不是莫名其妙来的，是 ε 的零点附近的洛朗展开中的零阶项。可以如此理解：所有自然数的和是无穷大，但趋向这个无穷大时有其渐进性质（$1/\varepsilon^2$），除掉 ε 趋于零时的发散项和高阶项，只留下与 ε 无关的，便得到（−1/12）了。这个结果也符合物理中重整化的思想。

5. 回到维度计算

回到利用光子最小质量为零来计算维度的问题。

玻色弦论中，光子最小质量 $m_0=(D-1)\times S_{自然数}+2$，将 $S_{自然数}=-1/12$ 代入，并令 $m_0=0$，可以解出 $D=25$。因此，玻色弦论需要 25 维的空间才能自洽。

如果是超弦论，除了正常的普通空间之外，还有超空间以及其上的格拉斯曼数空间（对此不作更多解释，因为已经大大超出了科普的范围）。

因为三类空间的存在，光子对应的超弦的振动基态能量，变成原来的三倍，从光子最小质量 $m_0=3\times(D-1)\times S_{自然数}+2=-3\times(\mathrm{D}-1)/12+2=0$，得到 $D=9$。

后来的 M 理论，又因为统一五个超弦理论及超引力理论的原因而将空间维数增加到了 10 维。

六、对偶性

弦论最重要的发现是所谓的“对偶性”（duality），说的是：两个看似毫无关系的几何对象（或理论模型），却拥有相同的物理性质。

即使将来弦论被证明是错的，许多与数学及科学哲学相关的内容仍然会被留下来，“对偶性”必定是其中之一。

通过对偶关系，将看似完全不同的理论联接起来，得到相同的物理学。这意味着它们产生相同的散射振幅以及其他物理可观测量。

1. 闭弦的 T 对偶

本节以弦论中最为典型的 T 对偶为例于对偶性进行简单的说明。

T 对偶又被称作“靶空间”对偶，是关于不同空间之间的对偶。如上一篇所介绍的，我们忽略无关紧要的细节，将弦论的空间分成普通 3 维空间 x 和额外维卷曲空间 y，将环面紧致部分用 y 方向的圆圈 R 表示。也就是说，将弦论的 9 维宇宙简单画成一个花园中的水管，如下图所示。

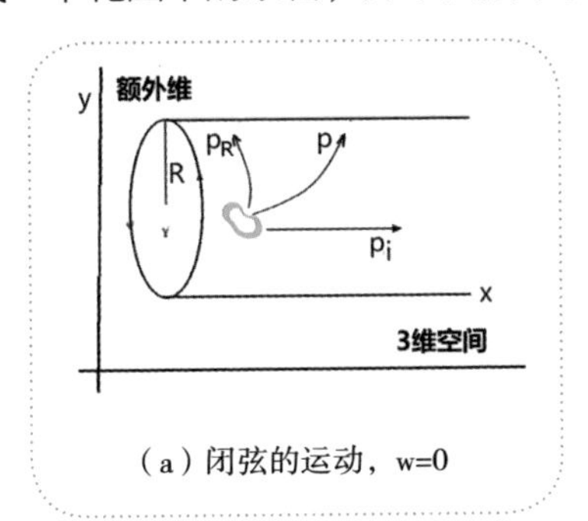

（a）闭弦的运动，w=0

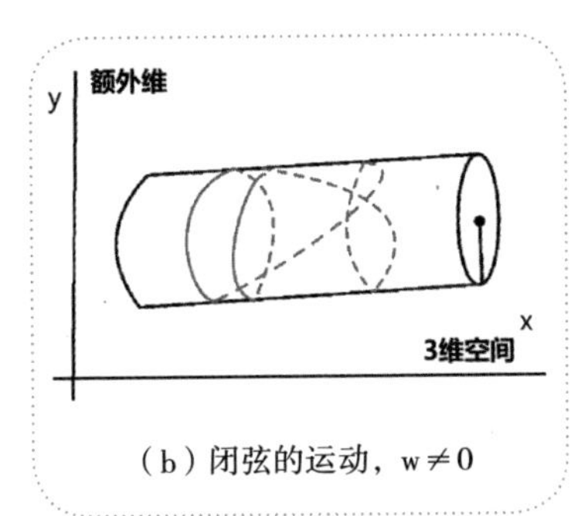

（b）闭弦的运动，w≠0

◎图 6–6–1　未绕圈闭弦和绕圈的闭弦

从卷曲空间的角度看，闭弦有两种不同形态：缠绕数 w 为零，或不为零，分别如图 6–6–1 中 a 和 b 所示。当闭弦不缠绕额外维空间时，其质心作自由运动，如同花园里一个小飞虫，可以在水管方向运动，在绕水管的方向运动，或者在两个方向之间运动。因此，动量 p 可以是朝向 3 维空间方向，也可能是额外维方向，或者是两者之组合（见图 6–6–1a）。因为额外维度半径 R 小而卷曲，p_y 是量子化的：该闭弦在 y 方向的能量 $E_y \sim n/R$。（注：这儿只是为了定性说明能量与 R 之关系，所以使用“~”符号，表示不是完全相等。）

有意思的现象发生于闭弦缠绕额外空间维 y 时，这时候多了一个整数 w，代表闭弦在 R 空间缠绕的圈数。

缠绕闭弦除了在 R 方向（y）具有能量 $E_y \sim n/R$ 之外，在 x 方向可以作整体滑动，这部分能量的最小值正比于弦的长度 L，弦越长，最小能量越大，因为这条弦包含的“东西”更多。由于圆周长正比于半径，所以缠绕弦的极小质量正比于绕数与半径 R 的乘积：$E_x \sim wR$。

因此，缠绕的闭弦总能量来源于 E_x 和 E_y 两套不同的能谱，粗略而言，前者以 R 为能级间隔，后者以 $1/R$ 为能级间隔。R 增大，E_x 的能级间隔增大，但 E_y 的能级间隔减小；R 减小时，情况则反过来。

然而，物理测量方法并不能判别实验所得数据来自于哪套能谱，而只能通过测量散射振幅来得到总谱中各个能级之间的跃迁情况。如图 6–6–2 所示，总能量谱等于将两套能量谱加到一起得到的结果。

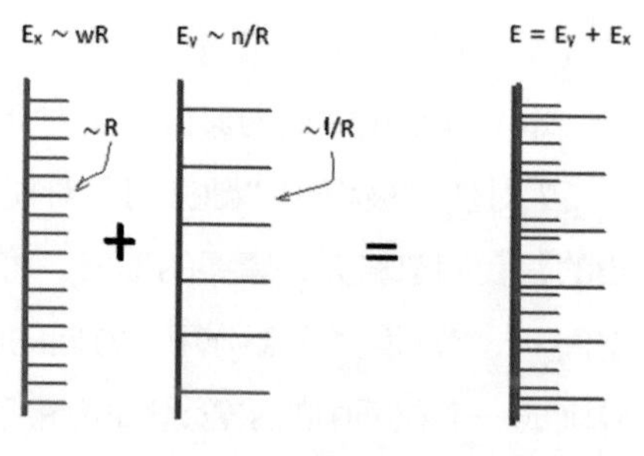

◎图 6–6–2　缠绕闭弦的总能谱

换言之，如果有两个不同的弦论系统，一个认定卷曲维的尺寸比较小：$R_1=a$；另一个的卷曲维尺寸 $R_2=1/a$，便会比较大，见图 6–6–3。但是，从以上的分析可知，这两个几何不同的系统，总能量谱却是一样的。因此，它们将表现出完全相同的物理性质。这就是所谓的“闭弦理论中的 T 对偶性”。

这是一个非常奇怪的对偶特性 ，在具体深入解释之前，首先需要弄明白以上所述的额外维半径 R 的单位是什么？

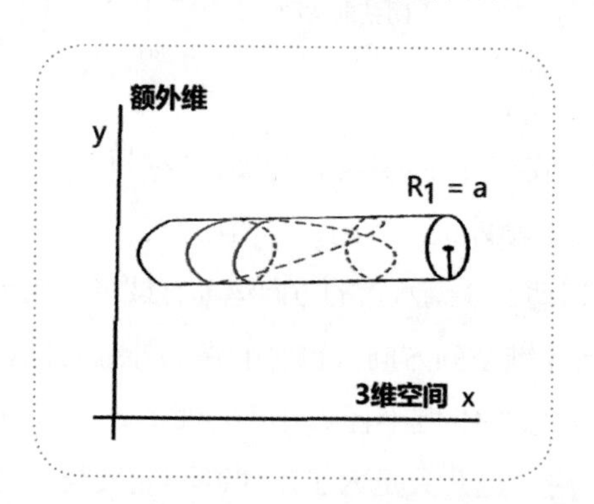

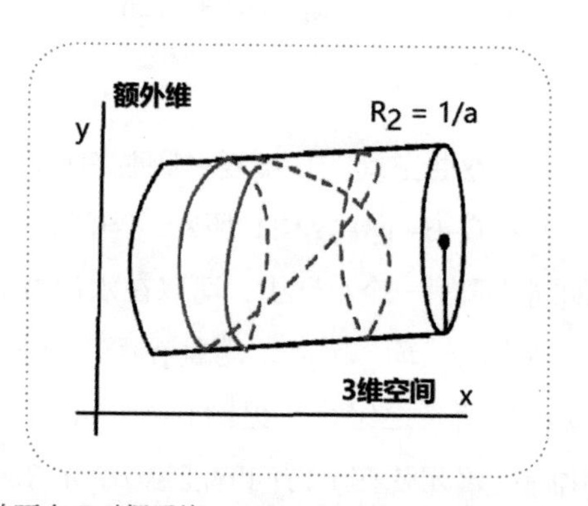

◎图 6–6–3　闭弦的两个 T 对偶系统

这儿的 R 是以普朗克长度 l_p 为单位，也就是说，$R=1=1/R$ 意味着额外维的大小是 l_p。这时候两个 T 对偶系统是一样的。当 $R=10$ 时，$1/R=0.1$，这两个系统的物理性质也是一样的。对 R 的其他数值也是如此，于是，弦论得出一个非常令人惊讶的结论：不论卷曲世界是“粗”还是“细”，它们是物理等效的。

2. 镜像对称

在研究卡拉比－丘流形时，P. Candelas、B. Greene 等物理学家发现 Calabi-Yau 3-fold 具有一种性质叫 mirror symmetry（镜像对称）的性质，但指的不是通常意义下的镜面对称性。Candelas 等将这个对称性用于解决卡拉比－丘流形的一个与“枚举几何”有关的问题。这其中还有一段有关物理学家与数学家之间的有趣故事。

枚举几何的目的，是研究几何中某类图形的数量。举两个最简单的枚举几何的例子。一个问题是：通过平面上给定两点能作几条直线？答案是 1。另一个问题稍微复杂（Apollonius's problem）：平面上给定三个圆，和这三个圆都相切的圆有多少个？一般情况下，答案是 8。

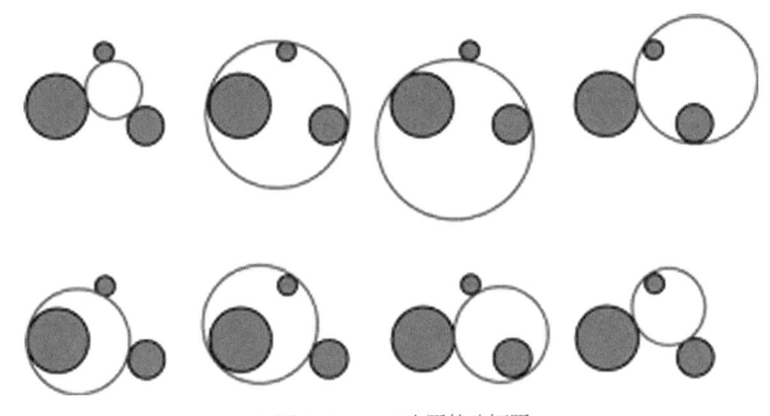

◎图 6-6-4　三个圆的公切圆

图 6-6-4 所示的是简单的 2 维枚举几何例子，答案很容易计算，但随着问题复杂性增加，即使是 2 维平面几何中的问题，计算也会很快就变得非常繁琐，完全不可能依赖直觉算出来。到了高维空间就异常困难了。首先是没有了直观图像，几何方法不便使用，只好借助于代数，所以就有了“代数几何”这门学科。当年的 Candelas 等要解决的问题，是要计算 6 维的卡拉比－丘流形上有理曲线的数目，他们 1991 年算出来的结论是：317,206,375。

然而，两位挪威数学家（Geir Ellingsrud 和 Stein Stromme）已经努力用他们复杂的工具和一系列天才的计算机程序来计算同样的问题却得到了不同的结果：2,682,549,425。因此，数学家开始有点怀疑弦论学家们的结果，因为物理学家用了数学家没有听说过的“镜像对称”技巧。后来，Ellingsrud 和 Stromme 谨慎地

◎图 6-6-5 Philip Candelas 在 UT Austin

检查他们的工作，然后在计算机程序中发现了一个错误。于是，他们宣布了他们的修正，结果与物理学家们计算的数值完全一致！

尽管镜像对称最初的方法是从物理出发的，数学上并不严格，但后来它的许多数学预测已经被严格证明了。之后，镜像对称成为纯数学中的热门话题，法国俄裔数学家马克西姆·孔采维奇（Maxim Lvovich Kontsevich，1964— ）于 1998 年获得菲尔兹奖，其部分原因便与镜像对称及枚举几何有关。

图 6-6-3 中是 T 对偶的最简单情形，很容易推广到 6 维平坦环面，也就是圆的乘积，只需要将 R 用多个 R_i 代替即可。6 维的 R_i 环面与 6 维的 $1/R_i$ 环面，几何尺寸完全不同，但它们从物理观点却是无法区分的。

我们曾经介绍过卡拉比 – 丘流形，它很复杂，但它是 6 维额外卷曲空间最符合实际物理情况的候选者。Philip Candelas 等人在 20 世纪 90 年代发现了卡拉比 – 丘流形中的“镜像对称”流形，并将其用于枚举几何，计算卡丘流形上有理曲线的数目，从而启发数学家解决了一些长期的难题。

弦论学者们也证明了：卡拉比 – 丘流形的镜对称就是 T 对偶性。卡拉比 – 丘流形的镜像对称，并不是通常意义上所说的“镜中之像”那种反演对称，而是指卡拉比 – 丘流形之间的一种特殊关系，这是一种很奇怪的“镜对称”，互为“镜伴”的两个流形几何上差别很大，拓扑形态也很不同。然而，它们遵循 T 对偶性，在物理上却是不可区别的。

之后，丘成桐等三位数学家发表的 SYZ 论文，为“镜对称”提供了一个比较简单直观的几何图像。他们认为，卡拉比 – 丘流形基本上可以分成两个 3 维的部分，彼此以类似笛卡儿乘积的方式纠缠在一起。其中一个空间是 3 维环面，如果你将这个空间分离出来，并将它“倒转”后（将半径 r 变成半径 $1/r$）再重组回去，就可以得到原来卡拉比 – 丘流形的镜流形。

3. 再谈 T 对偶

仔细琢磨一下，以上介绍的闭弦 T 对偶性似乎有不少毛病。比如说，当我们将额外维的半径从 R 变成 $1/R$，在物理上却没有区别。这个说法乍一听不可理解。

读者可能会问：这个额外维世界到底是多大？是 R 还是 $1/R$ ？它是客观真实存在的吗？难道就没有一个办法准确地测量它？

在“传统”几何学中，半径为 R 的圆与半径为 $1/R$ 的圆是绝对不同大小的两个几何实体，在广义相对论的弯曲空间中，它们也应该是对应于两个物理规律不同的世界。然而在弦论中，它们却奇怪地互为对偶，反映同样的物理规律，这难道不令人困惑吗？

不过，弦论专家并未因困惑而止步于此，反而认为这正表现了“弦”模型相对于“点”模型的魅力所在。实际上，困惑和我们经常听到奇妙量子现象时的反应同出一源，是由我们的经典思维方式产生的。

下面对此稍微解释一下。

因为 R 所用的单位是普朗克长度 l_p，大约等于 1.6162×10^{-35} 米。所以，如果 R=100，大约是 10^{-33} 米数量级的话，另外一个对偶的 R=0.01 的小宇宙比普朗克长度还要小两个数量级。正是在这种尺度，粒子物理的“点”模型碰到了难以克服的困难：广义相对论与量子力学之间的整个矛盾显露出来了。连续光滑的黎曼几何不能使用，时空中不停地发生着灾难性的小尺度量子涨落，广义相对论对此无能为力！

我们在上面还说到了对“额外维半径 R”进行测量的问题，这点也是“点粒子”模型的短板。因为要测量一个长度，需要一个比这个长度更小的“探针”，点模型中认为尺度为零的“点”是最基本的元素，那就意味着，可以用点粒子作为探针来分解和测量任意小的空间，但实际上这是不可能做到的，因为有量子力学的不确定性原理限制了它。如此一来，点模型从理论上就不能自圆其说了。

弦论就聪明多了，弦不是一个点，而是一段具有伸展性的“弦”，它具有与普朗克尺度可比较的长度。弦作为最基本的元素，也能当探针使用。但是，对不起，它只能测量比它大的东西，普朗克长度以下的空间结构性质，弦是探测不到的，也很难去测量那么小的长度。

所以，弦的延伸本性使我们不可能在弦论中探测普朗克长度以下的现象，弦论对普朗克尺度下的什么“量子涨落”、黎曼几何灾难，都只能视而不见，探测不了。而从量子物理的观念，只有可以探寻和测量的事物才是存在的。从而在弦论看来，普朗克长度以下的现象可以说是不存在的。

虽然不能直接测量，但弦论又发现了美妙的 T 对偶性，它将半径小于普朗克长度以下的空间对应到一个半径大于普朗克长度的空间。既然它们具有同样的物理属性，探索大的不也就等于探索小的吗？

读到这儿，你对弦论中的对偶性可能产生了一些好感吧。

4. 更多对偶性

以上所述的是闭弦表现的T对偶，如果将T对偶应用于开弦，就会发现开弦的端点不能在弦论的时空中自由移动，必须满足狄利克雷边界条件。由此美国弦论学家约瑟夫·波钦斯基（Joseph Polchinski，1954—2018）和他的学生（Dai，Leigh）于1989年发现了D膜。当年的波钦斯基任职于德克萨斯大学奥斯汀分校，他的学生之一Dai是笔者的朋友，Dai同学后来没有继续弦论方面的研究，转向了工业界，颇为遗憾。之后，波钦斯基也转到了加利福尼亚大学的圣塔芭芭拉分校，可惜于2018年因脑癌去世。他发现的D膜研究导致了弦论中更多对偶性的发现，也促成了弦论的第二次革命。有一个有趣的传说：据说波钦斯基是在日本参加国际会议的时候产生了D膜的想法，一次他使用投币式洗衣房，就在等待洗涤完毕的时间里，他完成了D膜的复杂计算！

◎图6-6-6　约瑟夫·波钦斯基

除了T对偶之外，弦论中还有S对偶、U对偶、H对偶（即全息性对偶），以及ADS/CFT对偶等。

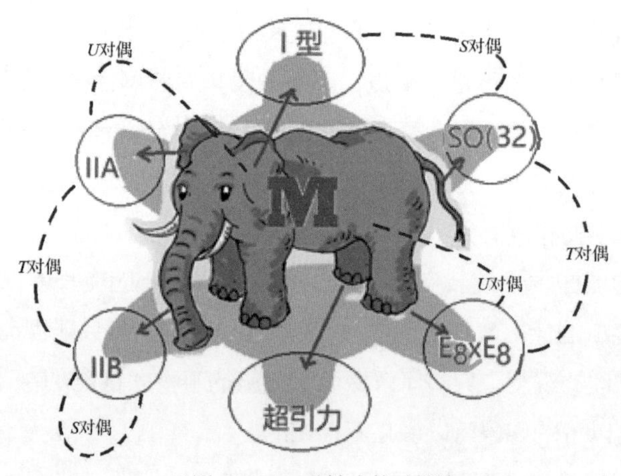

◎图6-6-7　弦论中的对偶性

在弦论的第二次革命之前，理论界存在五种不同类型的超弦理论，正是上述的对偶关系才将它们相互联系起来，统一成了 M 理论（见图 6–6–7）。

T 对偶所指是不同的几何构型对应于同样的物理，因此与几何联系密切。看似不同的超弦理论，例如 IIA 和 IIB 理论，还有两个不同的杂化超弦理论，都是 *T* 对偶性连接起来的。

S 对偶是物理量之间的强弱对偶，它将一种理论的强耦合极限与另一种理论的弱耦合极限联系起来。例如，O 型杂弦和 I 型弦有 *S* 对偶性。这意味着 O 型杂弦的强耦合极限就是 I 型弦论的弱耦合极限，反之亦然。

强弱对偶能起到把复杂计算问题化简的能力。例如，如果某个理论中的相互作用强度很大，我们将失去计算能力。但有了强弱对偶之后，我们可以将问题用另一个等价的弱耦合理论来描述，因而变得容易解决。

有趣的是：IIB 型弦论有一种自身对偶性，也属于 *S* 对偶。也就是说，IIB 型弦的某种强耦合极限，是 IIB 型弦论另外一种量的弱耦合极限。

U 对偶是 *S* 对偶和 *T* 对偶联合的结果。在弦论中，它将 IIA 型弦、E 型杂弦与 M 理论联系起来，亦即 10 维与 11 维之间的对偶性。

图 6–6–5 显示，五种超弦理论以及超引力理论，就像寓言故事中说的“盲人摸象”一样，开始时各有各的说法，最终通过对偶性，将这些说法连接贯通起来，彼此才明白了，原来大家摸到的是同一只大象：M 理论！

5. *Ads/CFT* 对偶

引起人们极大兴趣的，是最早由来自阿根廷的理论物理学家胡安·马尔达西那（Juan Maldacena，1968—　）提出的 AdS/CFT 对偶。

◎图 6–6–8　胡安·马尔达西那

马尔达西那的论文发表后短短几个月内，便涌现出了上百篇相关论文。在 1998 年夏天的弦论大会上，物理学家们唱起了歌名与马尔达西那同源的流行歌曲《马卡丽娜》（Macarena），甚至跳起舞来。由此可见人们对 AdS/CFT 这一新的对偶性的兴奋程度。

当年的马尔达西那不过 29 岁，已经是哈佛大学的副教授。后来，马尔达西那成了弦论领域的代表人物后，1999 年迅速升为了正教授。与威滕一样，马尔达西那是弦论领域的超新星，被人认为是当今最聪明的物理学家之一。

Ads/CFT 对偶到底有何魅力，让物理学界如此为之痴狂？

其实，Ads/CFT 对偶目前也还只是一个尚未完全证明的猜想，但已经得到学界的基本认同和证实。其中的 Ads 指的是量子引力理论中的反德西特空间（Anti-de Sitter spaces），CFT 是量子场论中的共形场论（Conformal Field Theories）。它们之间的对偶关联实际上属于 *S* 对偶，但有好些令人惊奇之处。

反德西特空间就是负曲率空间加上时间。它是无限的，但有“边界”。

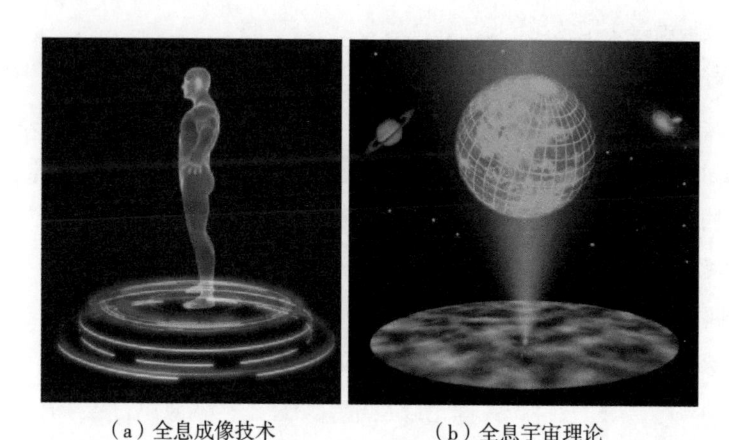

（a）全息成像技术　　（b）全息宇宙理论

◎图 6-6-9　全息成像和宇宙论

根据 AdS/CFT 对偶，一个引力理论可以和一个没有引力的量子场论相互等价。也就是说，可以将量子引力理论 A 通过对偶关系，等效于一个完全没有引力的理论 B，并且，理论 B 应用的空间比理论 A 的空间要少一维。

下面我们用几个例子之类比来解释上一段中“空间少一维”的说法。

现代科技中有一个称为“全息摄影”的成像和显示技术（图 6-6-8a），将物体的 3 维信息储存在 2 维胶片中，可以随时再现出来，与原来物体之 3 维图像非常逼真。近年来热门的一种高新技术“虚拟现实”（Virtual Reality，简称 VR），是更广泛意义层面上全息技术的延伸。

在黑洞热力学中也有类似的情况：计算出的黑洞熵与视界半径的平方成比例关系，而非半径立方。也就是说，3 维空间中的黑洞将它的信息（熵）储存在 2 维的视界表面上，因此，所有落入黑洞物体之信息都被包含在事件视界的表面涨落中。正因为受此启发，Gerard't Hooft 和 Leonard Susskind 等提出了全息原理，认为我们所见的宇宙是真实宇宙的投影（图 6–6–8b）。

AdS/CFT 对偶是全息原理的特例。这一对偶关系的发现，极大地推进了弦论的发展。对偶性的好处是，在一个理论中十分困难的问题，可能等价于其对偶理论中一个简单的问题。由于 AdS/CFT 对偶是一种强弱对偶，所以我们可以通过研究一个弱耦合的引力理论，来解决场论中的强耦合问题。或者反过来，利用场论来解决引力理论中的强耦合问题。

6. 对偶性的意义

对偶性的存在是弦论框架下最为核心最为鲜明的概念之一，如上一节所述，它对于连接不同类型的超弦理论，建立 M 理论起着至关重要的作用。

对偶性不仅仅是一个物理学上的概念，它应该是与最小作用量原理一样，具有深刻的哲学内涵，属于大自然的基本原理之一。实际上，对偶原理广泛存在于不同的学科领域中，特别是数学中的对偶性是最优美也最珍贵的性质之一。通过对偶性，数学家们可以联系代数和几何、微分和积分、拓扑和组合等不同的领域。

数学中的傅里叶变换就是对偶性的绝佳体现，它展现了时域与频域的对偶性，这使得对于同一个物理的或现实世界的任何问题，我们可以分别从两种角度、两种方法进行研究，且得到一致的结论。对偶性往往能在一定的条件下简化具体问题，例如:某些情况下（当涉及的频率数目比较少时），傅里叶变换将复杂的时域问题，化简为容易求解的频率域问题，反之亦然。

在物理学中，对偶现象原本也不罕见：电和磁、经典和量子、波粒二象性、波动方程和路径积分等等，都是对偶性的表现。但在弦论之前，物理学家似乎尚未充分体验到对偶性的魅力。前一节提到的，由弦论而发现的 AdS/CFT 对偶，是一个划时代的理论。它第一次揭示了引力理论可以和一个边界上（低一维）的场论对偶。因此，AdS/CFT 对偶性连接了高维和低维，是一个全新的对偶性，因为跨两个维度的对偶，之前是异常罕见的，它带给物理学家前所未有的惊喜，并在黑洞量子引力研究，以及凝聚态物理等领域，得到了证实和应用。

对偶原理是一座桥梁，是一种比对称性更加强大的工具。借助于它，我们可以从某领域中的一个理论走到另一领域的另一个理论。弦论中最精华的就是对偶性。许多弦论学家认为：通过对偶性，也许能将场论、引力、非线性、统计等学科融合在一起，有可能酝酿物理学的下一次大革命。

第七章

黑洞和弦论

HEIDONG HE XIANLUN

“青冥浩荡不见底”—— 唐代　李白

至今为止，弦论研究对物理学最大的贡献是对黑洞的研究。这也正符合弦论的初衷：试图解决引力与量子两个理论相结合的问题。黑洞是两者对峙激烈最易擦枪走火的前沿战场。二十几年来，理论物理学家们在此领域发表了一系列突破性的论文，大大地加深了人们对黑洞物理的认识和理解，目前已经非常接近解决困扰他们近 五十年的“黑洞信息悖论”。

本篇简单介绍信息悖论并总结物理学家们近年围绕该悖论取得的进展。

一、黑洞信息悖论

贝肯斯坦于 20 世纪 70 年代初提出了黑洞熵的概念，这个疯狂的想法，启发霍金提出了黑洞辐射的著名论断。

根据熟知的热力学公式：$dE=k_BTdS$，这儿 k_B 是玻尔兹曼常数，温度 T 可以看作是使得系统的熵 S 增加 1 比特所需要的能量 E，因此而得到贝肯斯坦 – 霍金黑洞熵的表达式：

$$S_{\text{black hole}}=\frac{Ac^3k_B}{4G_N\hbar}$$

其中 A 是黑洞视界面积，G_N 为牛顿引力常数，c 是真空光速，$\hbar$ 为普朗克常数。这一简洁优美的公式把物理学中最重要的几个基本自然常数联系起来，揭示了引力、热力学和量子理论之间深刻的联系。

为了方便起见，物理学家们通常采用自然单位制，即 $c=k_B=\hbar=1$。贝肯斯坦 – 霍金熵则为：

$$S_{\text{black hole}}=\frac{A}{4G_N}$$

从以上表达式可知，黑洞熵与视界表面积成正比。熵就是信息，这意味着黑洞将信息记录在其视界表面上，有点类似于将一个大房间中包含的所有事物都写在墙壁、地板和天花板上一样。

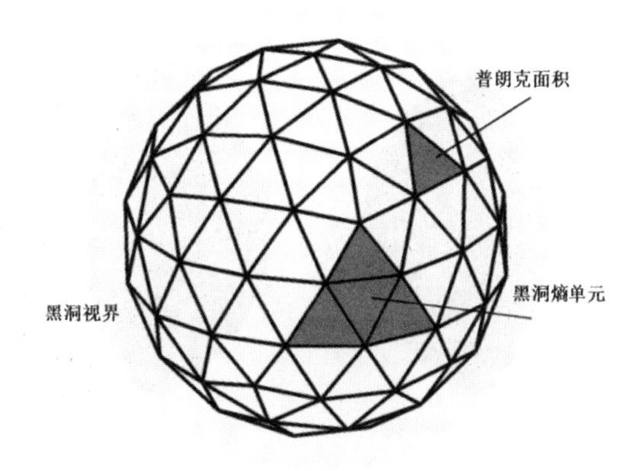

◎图 7-1-1　视界表面的黑洞熵

从黑洞熵，可得史瓦西黑洞的温度：

$$T_{BH}= hc^3/(4GMk_B)$$

此即霍金的黑洞温度表达式。根据物理学中黑体辐射的基本原理，一个系统如果具有温度，便会有与此温度相对应的黑体辐射谱，由此便有了霍金辐射的概念。当然，因为对一般情况下的黑洞，计算出来的温度值非常低，大大低于宇宙中微波背景辐射所对应的温度值（2.75K°），不太可能在宇宙空间中观测到霍金辐射。不过，因黑洞的温度与黑洞质量 M 成反比，有可能在宇宙大爆炸初期产生的微型黑洞中观测到。

信息储存于表面并没有什么问题。问题在于：根据“霍金辐射”的形成机制，辐射是由于周围时空真空涨落而随机产生的，所以在辐射中并不包含黑洞中任何原有的信息。但辐射最后却导致了黑洞的蒸发消失，因此也导致了黑洞原有信息的全部丢失。可是量子力学认为信息不会莫名其妙地消失，这就造成了黑洞的信息悖论。

黑洞的霍金辐射是黑体辐射，其温度与黑洞的质量成反比。霍金辐射极其微弱。视界附近纠缠对中的一个掉入黑洞，而另一个逃脱。因为视界之外的粒子是带有质量的真实粒子，由质量和能量守恒定律，视界之内被黑洞吞噬的粒子应该有负质量，所以黑洞的质量会因为这样的作用而减少。这导致黑洞失去质量。从外界看来，黑洞好像在慢慢蒸发。黑洞越小，蒸发速度越快，直到黑洞完全地蒸发。但由于这样的作用极为缓慢，和太阳质量一样的黑洞需要用大约 10^{58} 年来蒸发 0.0000001% 的质量。

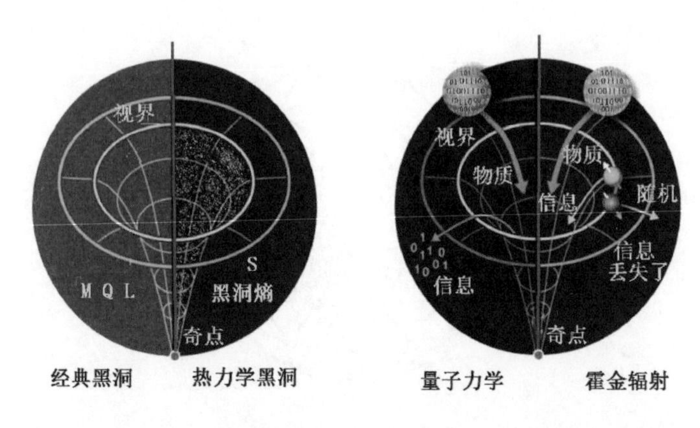

◎图 7-1-2 （a）经典黑洞和黑洞熵 （b）霍金辐射与量子力学的矛盾

图 7-1-2a 所示黑洞的左边代表“无毛”的经典黑洞。如果考虑黑洞的热力学性质，便相当于认可黑洞有一定的内部微观结构，如图 7-1-2a 右半边所示。能量在这种结构中的分配方式构成了黑洞熵，熵值的大小正比于黑洞视界的表面积。

黑洞辐射不是一个简单的公式就能了事的，首先得说明辐射的物理机制。根据霍金的解释和计算，黑洞辐射产生的物理机制是黑洞视界周围时空中的真空量子涨落。在黑洞事件边界附近，量子涨落效应必然会产生出许多虚粒子对。这些粒子反粒子对的命运有三种情形：一对粒子都掉入黑洞；一对粒子都飞离视界，最后相互湮灭；第三种情形是最有趣的，一对正反粒子中携带负能量的那一个掉进黑洞，再也出不来，而另一个（携带正能量的）则飞离黑洞到远处，形成霍金辐射。这些逃离黑洞引力的粒子将带走一部分质量，从而造成黑洞质量的损失，使其逐渐收缩并最终“蒸发”消失（见示意图 7-1-2b）。

然而，这种机制将导致“信息丢失”。黑洞是由星体塌缩而形成，包括了原来星体大量的信息。而根据霍金描述的机制，辐射是由于周围时空真空涨落而随机产生的，随机的过程不可能包含黑洞中任何原有信息，这种没有任何信息的辐射最后却导致了黑洞的蒸发消失，那么，原来星体的信息也都随着黑洞蒸发而全部丢失了。可是这点与量子力学认为信息不会莫名其妙地消失的结论相违背。

当年，霍金一派认为信息就是“丢失”了，另一派物理学家则强调量子力学的结论，认为信息不应该丢失。因为黑洞物质的信息，被保存在其视界的 2 维球面上，犹如一张储存立体图像信息的“全息胶片”。在辐射的过程中，这些信息应该以某种方式被释放出来。

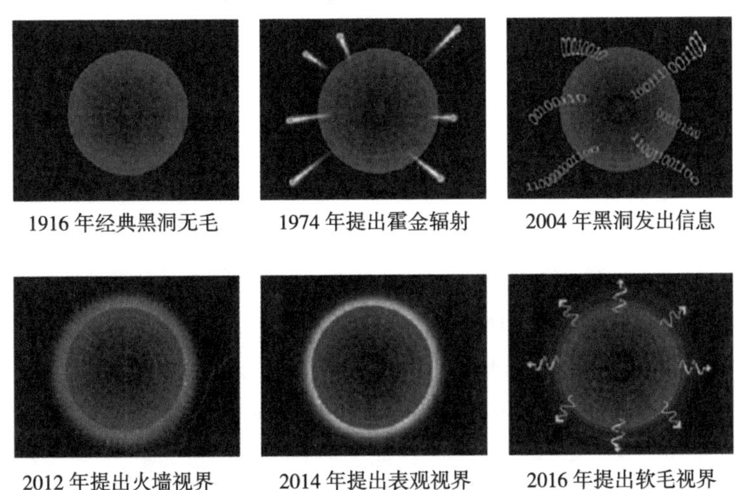

◎图 7–1–3 “黑洞信息悖论”大事记

黑洞包含时空的奇点，是广义相对论理论应用到极致的产物，黑洞的热力学又涉及量子理论。因此，黑洞提供了一个相对论与量子相结合的最佳研究场所，使得理论物理学家们既兴奋又头痛。2015 年 LIGO 接收到了黑洞合并事件产生的引力波，更让物理学家们感觉这方面的理论设想有了赋之于实验验证的可能性。

图 7–1–3 列出了从 1916 年广义相对论预言黑洞开始，到之后的黑洞信息悖论，对“黑洞视界”的描述所历经的几个关键年代。21 世纪初，随着物理学特别是弦论的发展，越来越多的研究人员认为，掉入黑洞中的信息会在黑洞消失时逃逸出来，这些讨论迫使霍金 2004 年开始逐渐接受了这种观点，尽管人们并不清楚信息是如何逃逸的。

2012 年左右，美国加州大学圣芭芭拉分校四位理论物理学家（AMPS），以约瑟夫·波钦斯基为首，发表了一篇论文：“BlackHoles : Complementarity or Firewalls ? ”文中提出了“黑洞火墙”理论。他们认为，在黑洞的视界周围，存在着一个因辐射而形成的能量巨大的火墙。当量子纠缠态的粒子之一，穿过视界掉到这个火墙上的时候，并不是像广义相对论所预言的，悠悠然什么也不知道，毫无知觉地穿过视界被拉向奇点，而是立即就被火墙烧成了灰烬。原来的量子纠缠态也在穿过视界的瞬间便立即被破坏掉了。

这篇论文把矛盾集中到了黑洞的视界上。霍金于 2013 年 8 月曾在一次会议上发表了讲话，就此争论表态，并于 2014 年 1 月 22 日发表一篇文章，提出另一种新的说法，认为事件视界不存在，所以也没有什么火墙。霍金代之以一个替代视界，称其为“表观视界”。他认为这个所谓的“表观视界”才是黑洞真正的边界，并且，这一边界只会暂时性地困住物质和能量，但最终会释放它们。因此，霍金宣称黑洞不黑，应该叫作“灰洞”。

在 2016 年 1 月的另一篇文章中，霍金又有了新花样，他和剑桥大学同事佩里，及哈佛大学的斯特罗明格的文章后来发表在《物理评论快报》上。文中表示，导致信息悖论问题的原来假设中有一些错误。他们的最新文章指出了该问题的研究方向，也许能带来解决悖论的方法。

上述文章认为，霍金原来对黑洞辐射的解释中有两个隐含的错误假设，一是认为黑洞虽然有熵但仍然无毛；二是认为真空是唯一的。而实际上，量子理论中允许无数个简并真空；另外，黑洞并非无毛，而是长满了“软毛”。

“软毛”的概念与斯特罗明格近几年的另一个研究有关。原来所谓的黑洞无毛原理中决定黑洞的三个参数，对应于能量（质量）、电荷、角动量三个守恒量。斯特罗明格在研究引力子散射时发现，在量子真空中存在无数多个守恒定律，相当于有无数多根毛。不过，这是一些“软毛”。“软”的意思是说，这些毛的能量极低，低到测量不到的范围。并且，“软毛”的理论对电磁波也成立，因此，三人便将其用于黑洞研究中，通过考虑存在黑洞时的电磁现象来解释信息悖论，据说得到不错的结果，称之为黑洞的“软毛定理”。

比如说，黑洞附近真空中存在能量极低（几乎为零）的光子，可称为“软光子”。这种“新真空”对应一种新守恒荷，新荷的守恒定律是通常电荷守恒的推广。在经典的引力与电磁学中，黑洞视界对新守恒荷的贡献为零，而霍金等三人的文章中研究了黑洞视界对新荷的贡献，认为这种贡献不为零，这些软光子组成了黑洞上的“软毛”。黑洞可以携带的软毛有无数根。作者还进一步证明了，在黑洞辐射时，即一个粒子掉入黑洞，一个粒子飞离黑洞的过程中，会为黑洞增添一个软光子，或者说，激发视界长出一根软毛。软毛上记载着掉入黑洞的粒子的信息，新荷的守恒定律意味着黑洞蒸发时视界软毛上的有关信息将被释放出来。

霍金被黑洞信息悖论纠结了四十多年，霍金署名的最后一篇论文《黑洞与软毛发》，在 2019 年 10 月霍金逝世后一年半左右，才被合作者完成并发表出来。这篇文章仍然是有关试图用“软毛”解决“黑洞信息悖论”方面的工作。

二、佩奇曲线

◎图 7-2-1　霍金和佩奇（2007）

唐·佩奇（Don Page，1948 年—　）是出生于美国的加拿大籍理论物理学家，现任教于加拿大的阿尔伯塔大学。

佩奇是索恩（Kip Thorne，2017 年诺贝尔奖获得者）的博士生，当年霍金在加州理工学院访问期间，与索恩共同指导佩奇的博士论文。唐·佩奇毕业后，于 1976 年至 1979 年在剑桥大学担任研究助理。在这段时间，佩奇与霍金一同生活，并协助身障的霍金处理各项事务，无论是私人生活抑或是学术上的，并陪同他出席各场重要的国际会议。

同时，佩奇对他自己有关量子引力与黑洞热力学的相关研究也愈发着迷。这两位物理学家在随后的几十年里共同撰写了大量论文，因此，可以说佩奇是在理论物理的深层次上最了解霍金的人。

还有一件有趣的事：2007 年佩奇因质疑霍金关于落入黑洞的信息将永远丢失的说法而打赌，最后佩奇赢得了赌注（1 美元）（见图 7-2-1）。

唐·佩奇质疑霍金有关辐射熵的计算。他猜测，黑洞蒸发过程应该一直被信息守恒律所制约。霍金对辐射熵变化的计算结果只适用于黑洞辐射早期的情况，但是忽视了量子纠缠对熵变的影响。虽然霍金辐射本身不携带任何信息，可是它们在整个系统中却一直和黑洞内部的粒子相互纠缠，导致黑洞辐射的后期阶段，量子可以携带信息从黑洞中逃逸出去。因此，当最终黑洞蒸发殆尽的时候，从总体上，可以保证宇宙信息守恒。

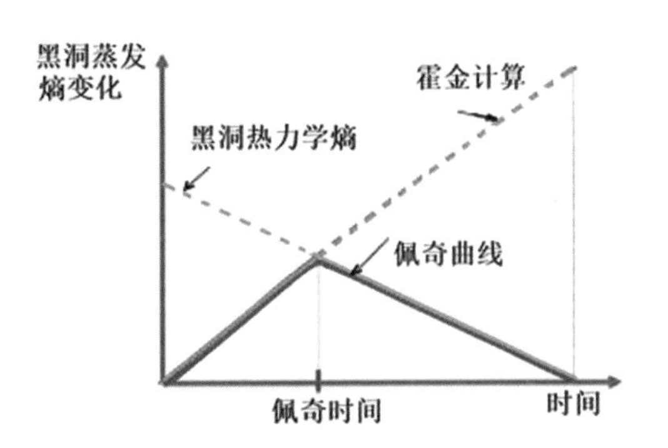

◎图 7-2-2　佩奇曲线

在图 7-2-2 中，黄橘色的线表示贝肯斯坦 – 霍金公式描述的黑洞热力学熵：$S_{热力学}=A/4G$，与视界表面

积 A 成正比，辐射使 A 不断缩小，因此，热力学熵也随时间减少。

绿色曲线是霍金计算的结果。霍金认为，因为辐射温度与黑洞质量成反比：$T_{BH}=hc^3/(4GMkB)$。随着辐射时间增大，黑洞质量 M 减少，使温度升高，熵也增大，直到黑洞完全蒸发而消失。

但佩奇对霍金绿色曲线的后半部分有不同看法。他认为热力学熵是所有可能的量子纠缠熵的上界。如果相信黑洞和外部的霍金辐射组成的系统没有丢失信息，那么辐射熵在某一个时间点就会开始减小，曲线开始下降到零。这个从第一阶段向第二阶段转变的时间点就被称为“佩奇时间”，这条先升后降的曲线就是“佩奇曲线”，如图 7–2–2 中的蓝色曲线所示。

这样一条佩奇曲线可以认为是量子力学基本原理所预期的、黑洞不丢失信息时应该产生的结果。佩奇的计算给解决黑洞信息佯谬指出了一条明确的出路，那就是计算量子纠缠熵，或称“冯诺伊曼熵”。

可是，现实没有那么简单，因为缺乏一个完备的量子引力理论，佩奇曲线提出之后的近三十年中，对这条重要曲线的计算一直缺乏明确的进展。最后，较大的突破来自弦论中全息对偶的发现。

三、马尔达西那登场

斯特罗明格和瓦法（Vafa）通过研究 D1–D5 膜系统，于 1995 年，在弦论中给出了黑洞贝肯斯坦—霍金熵的微观起源。

1997 年，弦论领域迎来了一次重大突破，马尔达西那提出了 Ads/CFT 对偶，打开了一扇通往量子引力的新大门。他的发现把包括了引力的弦论和物理学家已经研究得相当透彻的量子场论联系起来，首次在弦论中实现了全息原理，开启引力的全息时代。令弦论研究者们兴奋不已。

1998 年，Susskind 首次将全息原理应用到宇宙学中。2006 年，Ryu，Takayanagi 提出著名的全息纠缠熵，场论中的纠缠熵等价于伸入时空内部的极小曲面的面积。

2013 年，马尔达西那又一次震撼了物理学界。他与斯坦福大学的伦纳德·萨斯坎德（Leonard Susskind）一起提出，看似毫不相关的虫洞和量子纠缠，在本质上是相同的，编织出整个时空构造的丝线，或许就是量子纠缠。这个理论简称为

“ER=EPR”，与 Ads/CFT 对偶一样，都揭示了时空与量子作用之间存在着深层次的联系。

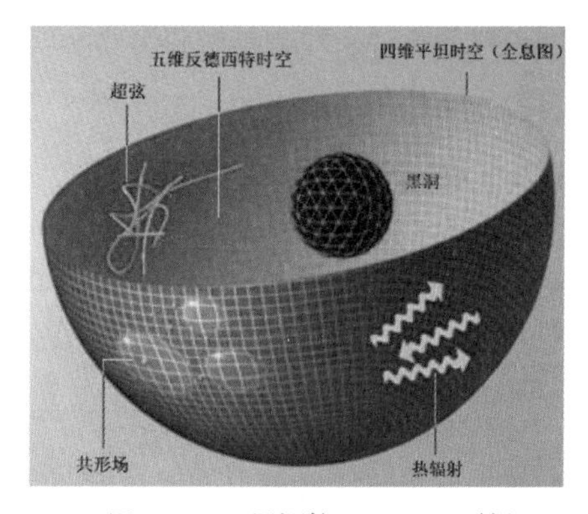

◎图 7-3-1　黑洞的 Ads/CFT 对偶

量子纠缠和虫洞，前者由量子力学理论预言，是指两个没有明显物理联系的物体之间存在一种令人惊异的关联。而虫洞由广义相对论预言，是连接时空里相距遥远的两个区域的捷径。马尔达西那等的研究暗示，这两个看起来截然不同的概念之间存在联系，或许在本质上是等价的。

量子纠缠和虫洞都能追溯到由爱因斯坦及其合作者们在 1935 年所写的两篇文章。量子纠缠的文章比较著名，是爱因斯坦、内森·罗森（Nathan Rosen）和鲍里斯·波多尔斯基（Boris Podolsky）合作撰写的。也正是因为这篇论文，三位作者被合称为“EPR”。另一篇论文（ER）的作者是爱因斯坦和罗森。因此虫洞也被称为“爱因斯坦－罗森桥”。表面上看来，两篇文章处理的是完全不同的现象，而它们之间竟然存在着某种联系。

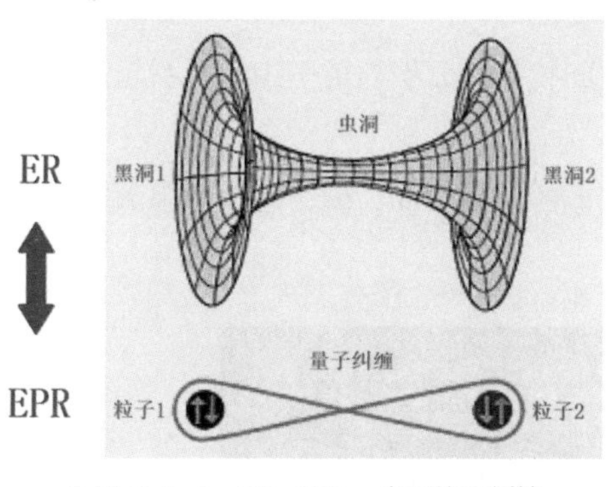

◎图 7-3-2　ER=EPR，虫洞等于纠缠

黑洞的几何结构分隔为两个区域：一个是空间被弯曲，但物体和信息仍能逃离的外部区域；一个是物质和信息进去之后就再也无法出来的内部区域。内部和外部被一个名为“事件视界”的表面分隔开来。

EPR 所分析的是微观世界的两个基本粒子，而 ER 涉及两个黑洞。在我们原来的概念中，黑洞是宇宙中神秘的巨无霸，而基本粒子是看不见的小不点儿。然而，在 ER=EPR 的意义下，基本粒子与黑洞似乎也可能等同起来。其实，本来就说“黑洞无毛”，只需要质量、电荷、自转等来表征它，这点与基本粒子是相似的。

一对粒子可以相互纠缠，两个黑洞也应该可以。因此，黑洞从外部看就像通常的量子体系。想象一对相距遥远但相互纠缠的黑洞，却通过它们的内部产生了物理联系，通过虫洞相互接近了。这就是“ER=EPR”。从 EPR 的角度看，在每个黑洞视界附近进行的观测是彼此关联的，因为两个黑洞处于量子纠缠态；从 ER 的角度看，这些观测是关联的，因为两个系统经由虫洞连接。纠缠和虫洞的等价性，为发展量子时空理论以及统一广义相对论和量子力学提供了一个重要的线索。

四、走在通往量子引力的路上

2020 年是黑洞的热门年，诺贝尔物理学奖授予三位研究“黑洞”的科学家，而专为青年研究者设立的“新视野奖”（New Horizons Prizes）获奖者中，也有一位研究黑洞热力学的女科学家内塔·恩格尔哈特（Netta Engelhardt）。她是 MIT 的教授，是近几年黑洞信息悖论方面取得进展的主要贡献者之一。

2018 年，高等研究院的阿尔姆海里（Ahmed Almheiri）与几位同事一起，应用了马尔达西那建立的 AdS/CFT 对偶性，研究黑洞如何蒸发。

物理学家们发现，黑洞辐射时，可以通过计算黑洞中不停产生的“量子极值面”来避免信息丢失。

黑洞中的量子极值面，就像小孩吹的肥皂泡一样，气泡的自然形状要求它表面积最小，因此称其为量子极值面。量子极值面将几何面积与量子纠缠联系起来，从而窥探引力和量子理论如何统一。

黑洞蒸发早期，边界的纠缠熵如霍金预期的那样增加，但之后在视界内突然出现的量子极值面导致纠缠熵下降。

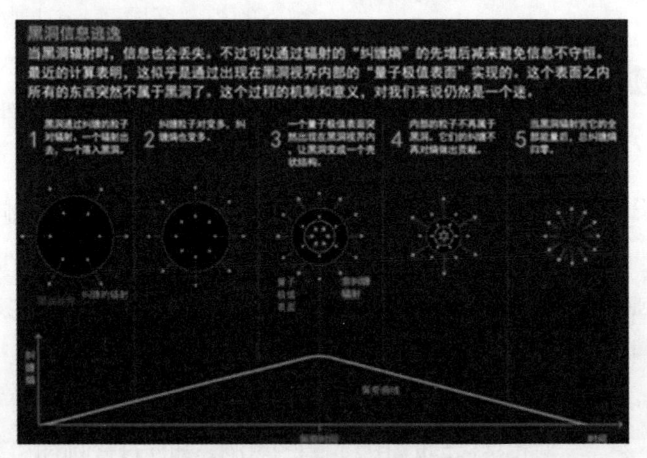

◎图 7-4-1　佩奇曲线解释

图片来源：Samuel Velasco/Quanta Magazine

量子极值面位于黑洞视界之内，极值面将黑洞世界一分为二。一部分等效于边界，另一部分是没有信息的地带。当黑洞缩小时，量子极值面和纠缠熵都缩小了。阿尔姆海里等人的理论计算第一次证实了佩奇曲线。

阿尔姆海里还发现，随着黑洞的蒸发，原本黑洞深处的粒子不再是黑洞的一部分，而成为辐射的一部分。粒子并没有飞出黑洞，只是被重新分配了。正是这些内部粒子造成了黑洞和辐射之间的纠缠熵。如果不再是黑洞的一部分，它们就不再对熵有贡献，这也解释了为何熵开始减少。量子极值面内部“从黑洞的一部分，转变成为辐射的一部分”的事实，似乎使人联想到是“虫洞”在起作用。

研究人员将费曼路径积分的概念应用于黑洞及其辐射，来计算纠缠熵。虫洞有很多纠缠熵，开始时权重很低。当它们的熵减少时，霍金辐射不断攀升。最终，虫洞成为两者的主导，接管了黑洞。这种从一种几何到另一种的转变在经典的广义相对论中是不可能的，这是一种固有的量子过程。

2019 年 11 月，两组物理学家发布了他们的成果，表明他们重现了佩奇曲线。这样，他们证实了黑洞辐射同时也会带走落入黑洞的信息。弦论不必是对的，即使是弦论坚定的批判者，也能通过引力路径积分解决问题。

总之，理论物理学家们利用全新的方法，得以更正了霍金 43 年前计算中的不足，进而发现蒸发黑洞中霍金辐射的纠缠熵完全满足佩奇曲线。

但关于黑洞的探索远未到尽头。理论物理学家还没有解释信息如何重新出现，如何从黑洞中逃逸。种种问题仍然悬而未决，等待更多年轻人的参与和努力。

后　记

弦论“第二次超弦革命”的硝烟已经散尽，在经过了一段时间蛰伏期之后，近两年似乎有所突破。是否不久就会有第三次第四次超弦革命，从而最终完成物理学的统一呢？谁也无法预料，只能拭目以待。

附录

极简数学知识

JIJIAN SHUXUE ZHISHI

我们简要总结一下现代物理（包括弦论）中所涉及的一些数学知识，尽可能使用很少量的公式，也少讲抽象的定义，尽量用文字、图像和简单例子，来深入浅出地介绍概念，解释名词。这里只介绍基本概念，具体深入和计算，还请读者参阅具体领域的简明教材。

A 微积分等

可以将数学分为“初等”和“高等”两个大等级，高等数学中对物理学最重要的部分，是解析几何和微积分。

笛卡尔发明的解析几何是微积分的基础。其核心是将坐标系引进了几何，以坐标间的关系来研究几何图形的性质，从而将几何问题系统化、坐标化。因而也称为“坐标几何学”。

A. 1 坐标系

直角坐标系和极坐标是常用的坐标系。图 A–1 和图 A–2 所示的分别是 2 维和 3 维常用的坐标系例子。

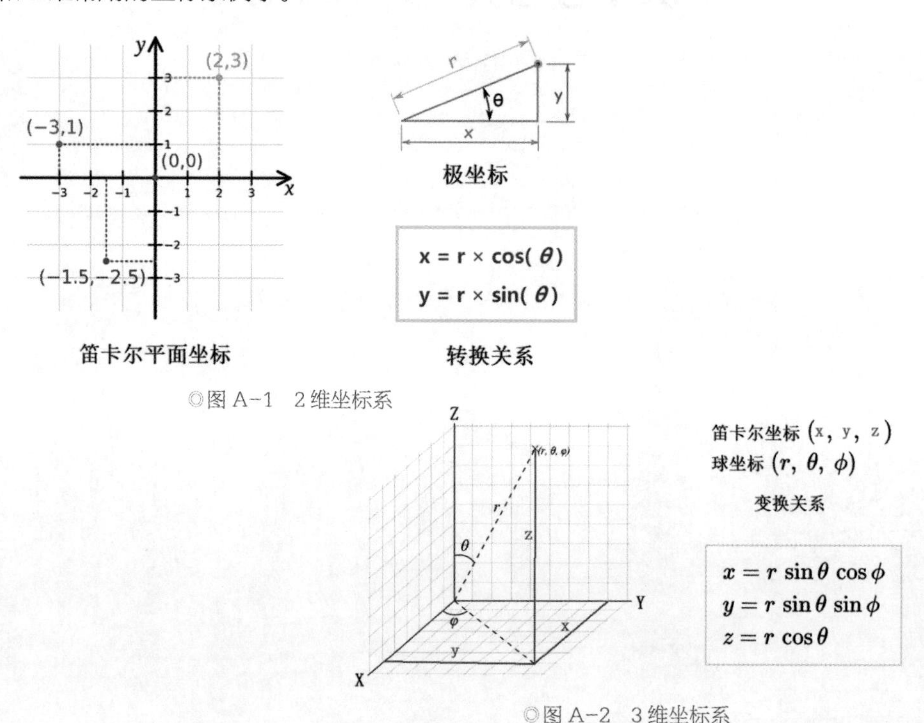

◎图 A–1　2 维坐标系

◎图 A–2　3 维坐标系

有了坐标系之后，能够很方便地用“坐标”来描述几何，进而用方程来研究几何图形，将几何与代数联系起来。

A. 2 函数

再回到初等数学和高等数学，可以说，前者是常量的数学，而后者描述的则是变量。随着 17 世纪工业革命的到来，越来越多的变量进入科学领域，初等数学无法解答这类问题，向数学提出了发展新工具的需求。例如，对运动的深入研究，需要处理瞬时速度；“功”的概念的发展，需要包括“力”随时间而变化的情形；化学中要考虑不均匀物质的密度问题；等等。这些情况中碰到的都是“变量”。

其实，变量的概念也贯穿于我们的日常生活中。例如：你去爬山时一定注意过山坡的形状，有的简单、有的复杂，或高或低、或平或陡。但无论何种形态，山坡的高度总是随着离山脚下出发点的距离而变化的。有的部分很陡，也就是说高度变化得很快；而另一些部分比较平坦，即高度变化得慢，或者几乎不变。换言之，山坡的高度是距离的变量（见图 A–3）。

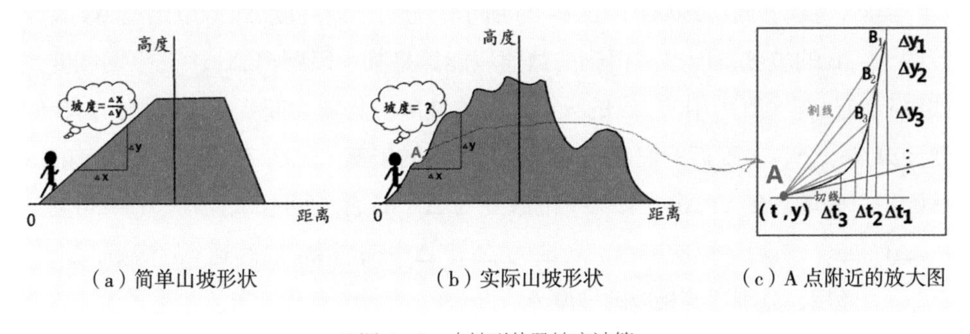

（a）简单山坡形状　（b）实际山坡形状　（c）A 点附近的放大图

◎图 A–3　山坡形状及坡度计算

数学中有一个更专业的词汇来描述上面例子中的山坡形状，以及其他的变量，那就是“函数”。函数是用来描述变量之间的关系的。比如说，在上面例子中，山坡的高度 y 随着离出发点 O 的水平距离 x 而变化。也就是说，y 是 x 的函数。y 是函数，x 叫作自变量。函数和自变量的关系可以用如图 A–3 中所画的类似曲线来描述。

在日常生活中，复杂的函数形状比比皆是，因为我们的世界是处于不断的变化和运动之中的。一切皆变数，到处都是“变量”。几乎每一个领域，都能见到使用各种曲线，来描述经济的发展、公司的业绩、员工的增长、交通的繁忙等等。

如何深入研究这些变化呢？答案就是微积分。

笛卡尔将函数引入坐标系，牛顿和莱布尼茨则相继建立起了处理“函数”的微积分的初步思想。

A. 3 微分

让我们回到山坡的例子，通过解释如何计算坡度，来了解“微分”的意义。

如何描述山坡高度的变化？快还是慢，陡还是平？我们可以用一个叫“坡度”的数值来表示。坡度定义为高度的增加与你走过的水平距离的比值。比如，如果像图 A–3a 所示的简单形状，用初等数学中的简单几何知识就能描述，不就是几条直线构成的几个三角形和矩形吗。在那种情形下，坡度的计算也很简单，将高度除以距离即可得到。图 A–3a 中的山坡分成简单的三段：上坡、平地、下坡，在每一段中，坡度都将分别是一个常数。

用数学术语表达“坡度”，叫作曲线的斜率，斜率表征了函数在某点的变化快慢，如果山坡的形状比较复杂（如图 A–3b）的话，坡度就不方便用初等数学来计算了。

当然，我们仍然可以沿用图 A–3a 所示的方法，将高度 Δy 除以距离 Δx 来计算图 A–3b 的坡度，但这时得到的数值只能算是某一段距离 Δx 中的平均坡度。如果我们改变计算所用的 Δx 的大小，平均坡度也将随之而变化。例如，当我们要计算某一个点 A 附近的坡度，可以采取如下的步骤（见图 A–3c）：从 A 点的 x 开始，首先增加到 $x+\Delta x_1$，如果 y 的改变为 Δy_1 的话，便能算出第一个平均坡度 $P_1=\Delta y_1/\Delta x_1$。然后，逐次减小 Δx_1 成为 Δx_2、$\Delta x_3\cdots$，相应地得到 y 的增量：Δy_2、$\Delta y_3\cdots$。最后，分别计算相应的坡度 P_2、$P_3\cdots$。

这一系列的坡度值：P_1、P_2、P_3 等，是对应于 x 的一系列增量 Δx_1、Δx_2、Δx_3 的平均坡度。如果要更为准确地反映某一“点” A 的坡度，就必须将计算的范围，即 Δx 取得更小，更靠近这个 A 点。我们如此想象下去，Δx 越来越小，那么 Δy 也会越来越小，最后得到的比值 $P=\Delta y/\Delta x$ 便可以表示 A 点的坡度（函数曲线的斜率）了。

前面段落中所描述的便是使用微积分来计算斜率的思想。所谓微分的意思就是说，将自变量的变化 Δx 变得微小又微小，直到“无限小”，而观察函数 y 是如何变化的。一般来说，y 的变化 Δy 也会是一个“无限小”量。但人们关心的是这两个“无限小”量的比值，即上面例子中所描述的山坡在 A 点的坡度 P，或在一般情形下称之为曲线在该点的斜率 P。我们将这个值 P 叫作函数 y 对 x 在给定点的微分，也叫作 y 对 x 的导数。

换言之，斜率 P 是"当函数 y 的自变量作出极微小（无穷小）改变时，函数 y 的改变的线性近似"，这就是微分的思想。

A. 4 积分

微积分是微分和积分的统称，两者的基本思想都是利用"无穷小"的极限概念，化整体为局部，化变量为常量。不同之处：微分是求商，积分是求积（和）。积分是微分的逆运算。

积分是求变量在一段区域（区间）内累积形成的结果，比如曲线的长度、曲线围成的面积、变力在一定时间做的功等等。积分的基本思想是把不规则的区间分割成若干规则的小块，这些小块越小越好，直至无穷小，再把所有小块加起来（规则的小块是容易计算的），就是总的结果。

微分的方法可用来求变量的导数，计算函数的增长率、坡度、速度等等。积分又有何用途呢？积分实际上是微分的逆运算，也就是说，从山坡的坡度反过来计算山坡的高度。或者说，知道汽车在所有点的瞬时速度，反过来计算汽车行驶的距离，就需要用到积分（图 A–4）。如果对简单函数，比如图 A–4a 所示的匀速运动，已知速度求距离很简单，只需要将速度乘时间即可，对应于在图 A–4a 中计算阴影矩形的面积。然而，如果速度是随时间不停变化的话，如图 A–4b 所示的变速运动，这时候需要计算面积的图形形状就不是简单的矩形了。那么，应该如何来计算一个任意形状图形的面积呢？积分的思想就是把这个图形分成 n 个狭窄的、宽度为 Δx 的长条，然后把所有长条的面积加起来，得到 S_n。当这些长条的宽度 Δx 趋近于"无限小"时，S_n 趋近的数值，就等于曲线下形成的图形的面积，也就是速度函数的积分值，即距离。

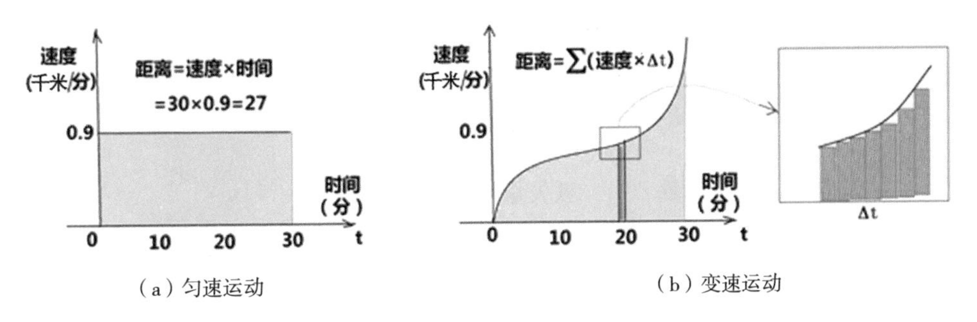

（a）匀速运动　　（b）变速运动

◎图 A–4　匀速运动和变速运动时的求积分运算

微积分是高等数学的入门课，是最基础的数学。

A. 5 共形映射

数学上，共形变换（Conformal map）或称“保角变换”，是一个保持角度不变的映射。

共形变换保持角度以及无穷小物体的形状，但是不一定保持它们的尺寸。

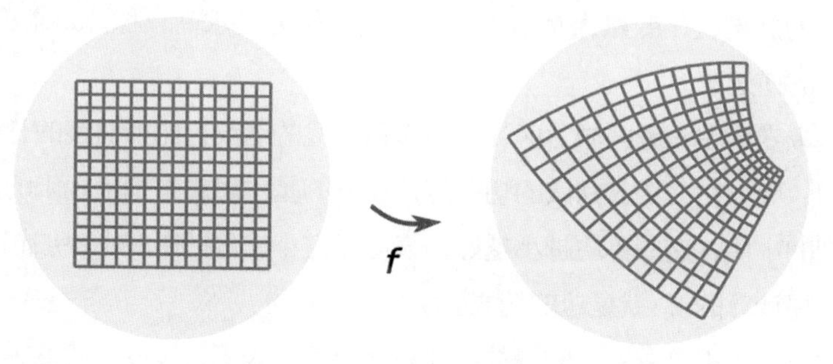

◎图 A–5　共形变换

A. 6 标量、矢量、矩阵、张量

我们在生活、工作和科研中，会碰到各种各样的“量”（或称物理量），比如某地的温度、降雨量，人的体重、高度，汽车行驶的速度，物体的质量，流体的压力，等等。

有的物理量简单，用一个数值就表示了，称之为“标量”，比如温度、质量、重量、高度、降雨量等；有的需要一串数值，比如速度，对我们生活的 3 维空间而言，需要三个数字来表示，称之为“矢量”（或向量）。矢量的例子也很多，例如力、速度、加速度等等。矢量的概念可以进一步扩展到矩阵，这是排成一个方形或长方形的 2 维形式的数组。当然，还有一些别的物理量，需要更多的数字来表示。

张量的概念便是由标量、矢量、矩阵等数组形式推广而来，图 A–6 中显示了

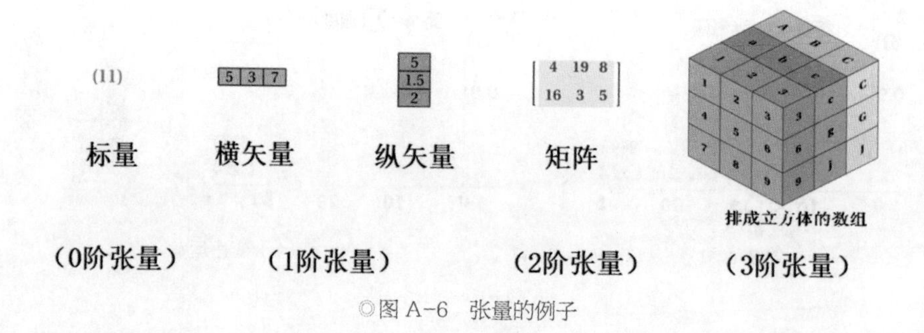

◎图 A–6　张量的例子

张量的几个简单例子。

从图 A–6 可见，张量概念统一了标量、矢量、矩阵等数组形式，将它们分别看作是 0 阶、1 阶、2 阶张量，并且还将此概念扩展到任意阶数，以表示有序排列起来的各种数组。

例如，将一组标量排列起来则为向量，将一组向量排列起来则为矩阵，将一组矩阵排成立方体则为 3 阶张量，把立方体摞起来则为 4 阶张量了。

上面举出了不少张量的例子，但一般我们碰到的都是低阶张量，物理中用到高阶张量最多的地方，是爱因斯坦的广义相对论。张量概念真正得以发扬光大，也是在相对论出现以后。

并且，张量的意义也不仅仅是表示一大堆数，重要的是这些数需要满足一定的变换规律。所以，张量在实质上表示的是在坐标变换下不变的，或者说“不依赖于参照系的选择”的某个物理实体。这个实体只是在一定的给定基底（坐标）下，才成为一组数。

从图 A–6 也可知，高于 3 阶的张量就不是那么方便用图像表示了。所以，在一定的坐标系下，我们可以用一个带指标的符号来表示张量，指标在一定整数范围内变化。指标的数目是张量的阶数。例如，标量不需要指标，是 0 阶张量；一个指标的 V_i（i 从 1 到 3 变化），表示一个 3 维空间的矢量；g_{ij}（i，j = 1…4）表示 4 维空间的一个 2 阶张量。

此外，由于变换方式的不同，张量分成“协变张量”（指标写在下面）和“逆变张量”（指标写在上面），以及“混合张量”（指标在上和指标在下两者都有）三类。协变和逆变张量的简化例子类似于图 A–6 中的横矢量和纵矢量。

上面所举的 V_i 及 g_{ij} 是协变张量的例子，其他例子：逆变张量 V_i（1 阶）及 g_{ij}（2 阶），混合张量 $R^k{}_{lij}$（4 阶），等等。

因为张量在广义相对论中用得很多，为了简化表达式，物理学家们常常使用“爱因斯坦求和约定”：当一个单独项目内有标号变数出现两次，一次是上标，一次是下标时，则意味着必须总和所有这单独项目的可能值。对张量而言，表示指标缩减。例如，g_{ij} 是一个 2 阶张量，在 4 维空间中代表 4×4 =16 个数。但是，如果写成 $g^i{}_i$ 时，代表的就是一个如下的求和式。

也就是说：$g^i{}_i=g^1{}_1+g^2{}_2+g^3{}_3+g^4{}_4=g$，是只有一个数值的标量。

B 对称和群论

B.1 对称

人们喜爱和欣赏对称，誉之为“对称之美”。对称在我们的世界中扮演着重要的角色。自然界遍布虫草花鸟，人类社会处处有标志性的艺术和建筑，这些事物无一不体现出对称的和谐与美妙。人们会说，故宫是左右对称的，地球是球对称的，雪花是六角形对称的……每个人都懂得那是什么意思。不过，数学家们用他们独特的语言来定义对称。

从数学的角度来看，对称意味着几何图形在某种变换下保持不变。比如说，左右对称意味着在镜像反射变换下不变；球对称是说在3维旋转变换下的不变性；六角形对称则是说将图形转动60、120、180、240、300度时图形不变。

对称不一定只是表现在物体的外表几何形态上，也可以表现于某种内在的自然规律中。许多物理定律的表述都呈对称形式。最简单的例子，牛顿第三定律说：作用力等于反作用力，它们大小相等、方向相反，两者对称。电磁学中的电场和磁场，彼此关联相互作用，变化的电场产生磁场，变化的磁场产生电场，也是一种对称。

对称，反映的是变化中的不变性。物理规律应该在变换中保持不变，这是显而易见的。试想，如果今天的某个定律明天就不适用了，或者是麦克斯韦方程只在伦敦适用，搬到北京就不适用了，那还叫作自然规律吗？研究它还有任何意义吗？当然不应该是这样的。

刚才举的例子中，今天到明天、伦敦到北京，这两个概念在数学上都称之为“变换”。前者叫作“时间平移变换”，后者叫作“空间平移变换”。但是，除了平移变换之外，还有许多别的种类的变换。变换主要有哪些种？如何分类？这些变换间有些什么样的关系？科学家们用“群论”的数学语言来描述对称，回答上述问题。

B.2 群的基本定义

俗话说：物以类聚，人以群分。岂止人是如此，物理学中的变换也可以用数学上的“群”来加以分类。换言之，变换用来描述对称，群用来描述变换，因此，群和对称，便如此关联起来了。群论便是研究对称之数学。

何谓“群”？简单地说，群就是一组元素的集合，在集合中每两个元素之间，定义了符合一定规则的某种运算，称之为“乘法规则”。或者可以用如下四个基本要求来定义群。我们将其简称为“群四点”。

1. 封闭性：两元素相乘后，结果仍然是群中的元素；

2. 结合律：$(a\times b)\times c=a\times(b\times c)$；

3. 单位元：存在单位元（幺元），与任何元素相乘，结果不变；

4. 逆元：每个元素都存在逆元，元素与其逆元相乘，得到幺元。

下面举个简单例子说明“群四点”。

说到乘法规则，我们大家会想起小时候背过的九九表，九九表太大了，我们以图 B–1a 所示的，小于 5 的整数的“四四”乘法表为例。

我们检验一下，图 B–1a 中的元素是否满足“群四点”？发现第一点就不满足,8和9两元素相乘后，结果是72，不是群中的元素。所以，这些数不能构成群。

	1	2	3	4
1	1	2	3	4
2	2	4	6	8
3	3	6	9	12
4	4	8	12	16

（a）整数 4 以内的乘法表

	1	2	3	4
1	1	2	3	4
2	2	4	1	3
3	3	1	4	2
4	4	3	2	1

（b）除以 5 之后的余数构成的表

◎图 B–1　元素的乘法表

不过，如果我们把乘法规则稍微作一些改动，正如欧拉在 1758 年做的，改成：整数相乘再求5的余数。按照这个新的乘法规则，图B–1a变成了B–1b的余数表。

图 B–1b 的余数表要比 B–1a 有趣多了！它总共只有四个数字：1、2、3、4，每一行都是这四个数换来换去。四个数全在，但也不重复，只是改变一下位置的顺序而已。

然后，我们检验这四个数，发现它们满足“群四点”。第一点不难验证是；第二点也是，因为整数相乘自然满足结合律；第三点，元素 1 就是群的单位元；逆元呢？留给读者从图 B–1b 中验证。

所以，图 B–1b 表中的四个元素，构成了一个“群”，因为这四个元素两两之间定义了一种乘法（在这儿的例子中，是整数相乘再求 5 的余数）。

从上述例子可知，“乘法规则”对“群”的定义很重要。这儿的所谓“乘法”，不仅仅限于通常意义下整数、分数、实数、复数间的乘法，其意义要广泛得多。实际上，群论中的所谓“乘法”，只是两个群元之间的某种“操作”而已。实数的乘法是可交换的，群论的“乘法”则不一定。

下面再举一个置换群的例子。

置换群的群元素由一个给定集合自身的置换产生。例如，在图 B–2 中，给出了一个简单置换群 S_3 的例子。

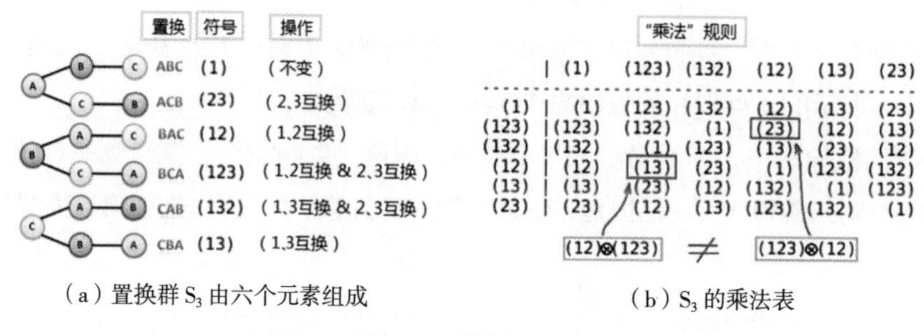

（a）置换群 S_3 由六个元素组成　　（b）S_3 的乘法表

◎图 B–2　置换群例子 S_3

给了三个字母 ABC，它们能被排列成如图 a 右边的六种不同的顺序。也就是说，从 ABC 产生了六种置换构成的元素。这六个元素按照生成它们的置换规律而分别记成（1）、（12）、（23）…。括号内的数字表示置换的方式，比如（1）表示不变，（12）的意思就是第一个字母和第二个字母交换等等。不难验证，这六个元素在图 B–2b 所示的乘法规则下，满足上面谈及的定义“群四点”，因而构成一个群。这儿的乘法，是两个置换方式的连续操作。图 B–2b 中还标示出 S_3 的一个特别性质：其中定义的乘法是不可交换的。如图 B–2b 所示，（12）乘以（123）得到（13），而当把它们交换变成（123）乘以（12）时，却得到不同的结果（23），因此，S_3 是一种不可交换的群，或称之为“非阿贝尔群”。而像图 B–1 所示的四元素的可交换群，被称之为“阿贝尔群”。S_3 有六个元素，是元素数目最小的非阿贝尔群。

图 B–1 和图 B–2 描述的，是有限群的两个简单例子。群的概念不限于“有限”，其中的“乘法”含义也很广泛，只需要满足“群四点”即可。

如果你还没有明白什么是“群”的话，那就再说通俗一点：“群”就是那么一群东西，我们为它们两两之间规定一种“作用”，见图 B–3 的例子。两两作用的结果还是属于这群东西；其中有一个特别的东西，与任何其他东西都不起作用；此外，每样东西都有另一个东西和它抵消；最后，如果好几个东西接连作用，只要这些东西的相互位置不变，结果与作用的顺序无关。

◎图 B-3 各种操作都可以被定义为群的乘法，只要符合“群四点”

刚才所举两个群的例子是离散的有限群。下面举一个离散但无限的群。比如说，全体整数（…，−4，−3，−2，−1，0，1，2，3，4，…）的加法就构成一个这样的群。因为两个整数之和仍然是整数（封闭性），整数加法符合结合律；零加任何数仍然是原来那个数（零作为幺元）；任何整数都和它的相应负整数抵消，比如：−3 是 3 的逆元，因为 3+（−3）=0。

但是，全体整数在整数乘法下却并不构成“群”。因为整数的逆不是整数，而是一个分数，所以不存在逆元，违反“群四点”，不能构成群。

B.3 群的几个重要性质

阿贝尔群

乘法可以交换（或称可对易）的“群”叫作“阿贝尔群”，乘法不对易的“群”叫作“非阿贝尔群”。

阿贝尔群，是以一位挪威数学家命名。尼尔斯·阿贝尔（Niels Abel，1802—1829），27 岁时死于贫穷和疾病。

另一位创建群论的著名数学家是法国人埃瓦里斯特·伽罗瓦（1811—1832），他比阿贝尔更为悲惨，只活了短短 20 年，在与对手决斗时饮弹身亡。

全体非零实数的乘法构成一个群，但这个群不是离散的，是由无限多个实数元素组成的连续群，因为它的所有元素可以看成是由某个参数连续变化而形成。两个实数相乘可以互相交换，因而这是一个“无限”“连续”的阿贝尔群。

可逆方形矩阵在矩阵乘法下也能构成无限的连续群。矩阵乘法一般不对易，所以构成的是非阿贝尔群。

同构

两个群同构的意思可以粗略地理解为通常意义下所说的“相同结构”。也就是说，忽略组成每一个群的元素的具体属性、乘法操作的具体规定等等，仅仅将“群”的结构性质“抽”出来比较，两个群是相同的。插进一段比喻，也许可以使你更好地理解“同构”：两个三口之家，陈家和李家，都由父、母、子组成。如果我们只感兴趣研究每个家庭成员的性别及相互关系这种结构的话，可以说这两个家庭是“同构”的。尽管陈妈妈已经60岁，李家儿子刚出生，这些细节都无所谓，我们运用数学“抽象”，只看我们需要看的结构，从而认定两个家庭是“同构”的。而具体的陈家和李家，只不过是这种结构的两个不同的具体表示而已。再进一步，如果另有张姓两兄弟，都有老婆儿子，但大家住一起组成六口人的“张家”。那么显然的，陈家和张家不同构。

同态

同构是两个群之间精细的刻画，然而两个群在一般情况下不一定同构却有关系，于是有一个退而求其次的、比同构弱一些的关系：同态。

也就是说，群同态是为保持群乘法结构的映射。两个群之间有一个映射，但不是双射，可能是单射。我们虽然建立不了两个群中元素之间的一一对应，但是起码我们建立了一个群的一个子集合和另一个群中的一个元素之间的一一对应。

例如“2∶1同态”，沿用刚才介绍同构时家庭结构比喻中的张家和陈家。同构是同态。同态虽然不是一一对应，但相当于是两个数学对象之间的“纽带”。

B.4 旋转群

我们到处都能看到旋转的物体。铁路和公路上车轮滚滚，舞台上芭蕾舞演员频频转圈。宇宙中的星云，我们居住的地球，太阳系和银河系，这些天体都处于永恒而持久的旋转运动中。

物理学与各种旋转结下不解之缘，从力学中研究的刚体转动，到量子理论中的粒子自旋。地球绕太阳转，月亮绕地球转，滚珠在轴承滚道中转，电子绕原子核转，物理中每一层次的实验和理论中似乎都少不了旋转。物理中的旋转除了在真实时空中的旋转之外，还有一大部分是在假想的、抽象的空间中的旋转，比如动量空间，希尔伯特空间，自旋空间、同位旋空间等。

旋转是一种对称，因而也构成群。旋转群是物理中非常重要的一类群。旋转群有离散的和连续的之分。理论物理中所感兴趣的连续旋转群有 SO（2）、U（1）、SO（3）、SU（2）、SU（3）等等。

旋转可以用大家熟知的矩阵来表示。因此，我们首先用矩阵的语言，解释一下上面所列的一串符号是什么意思。每个符号括号中的数目字（3、2、1 等）是表示旋转的矩阵空间的维数；大写字母 O（Orthogonal）代表正交矩阵；U（Unitary）代表酉矩阵；S（Special）是特殊的意思，表示矩阵的行列式为 1。

将上述几个群分别说明如下。

SO（2）：平面旋转群。

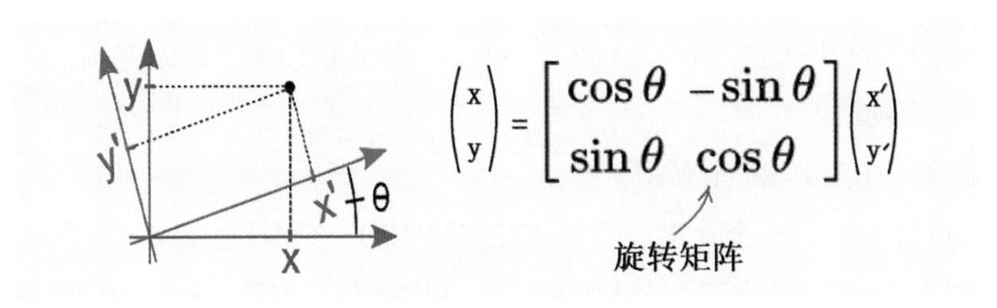

◎图 B-4　2 维旋转群可用 2×2 的矩阵表示

群 SO（2）中的一个元素，表示平面上的一个转动，当我们将平面上的坐标轴（x，y）转动一个角度 θ 时，新旧坐标之间的变换关系可以用如图 B-4 中所示的旋转矩阵表示。所有的 2 维旋转构成的群就是 SO（2）。

2 维旋转是可对易的，也就是说，先旋转 θ_1 再转 θ_2，与先旋转 θ_2 再转 θ_1 效果一样，都是等于旋转了 $\theta_1+\theta_2$。因此，SO（2）是阿贝尔群。

U（1）：一维复数旋转群。

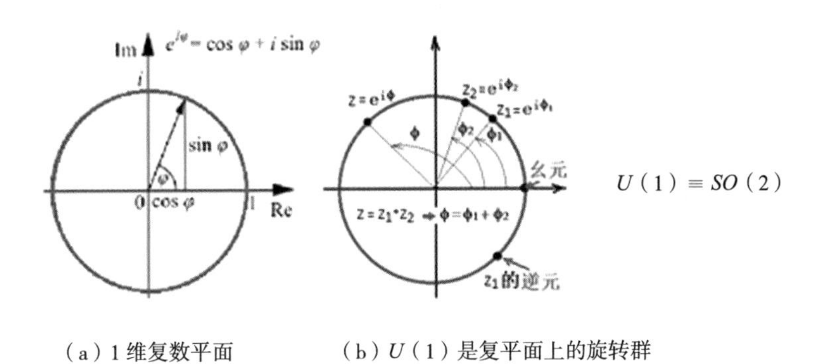

（a）1 维复数平面　　（b）U（1）是复平面上的旋转群

◎图 B-5　U（1）群和 SO（2）群

U（1）群是由所有 1 阶酉矩阵（即单位复数）所组成之群。

酉矩阵是正交矩阵在复数域中的扩展。酉矩阵 U(n) 的行列式一般来说也是一个复数。行列式限制为实数 1 的酉群被称为特殊酉群，记为 SU(n)。例如：U（1）是 1 维复数空间的旋转群，SU(2) 和 SU(3) 分别是 2 维和 3 维复数空间的特殊旋转群。

U（1）群的元素包括模为 1 的所有复数，可以表示为：$u=e^{i\theta}$。尽管复数 u 的模为 1，但幅角 θ 还可以任意变化，所以 U（1）是由复数平面上所有长度为 1 的矢量绕着原点转动形成的单位圆构成的（如图 B–5b）。

一个复数由两个实数组成，复数平面上的转动实际上与 2 维实数平面上的转动一一对应。这个对应将 U（1）群与 SO(2) 群关联起来，可以证明，U（1）与 SO(2) 是同构的。

SO(3)：3 维空间的旋转群。

群 SO(3) 中的一个元素，表示 3 维空间中的一个旋转。SO(3) 的表示可以有很多种方法：用绕着三个坐标轴的旋转，用欧拉角，等等。一般用旋转矩阵来表示 SO(3) 的元素，是一个保持长度和角度不变的正交矩阵。

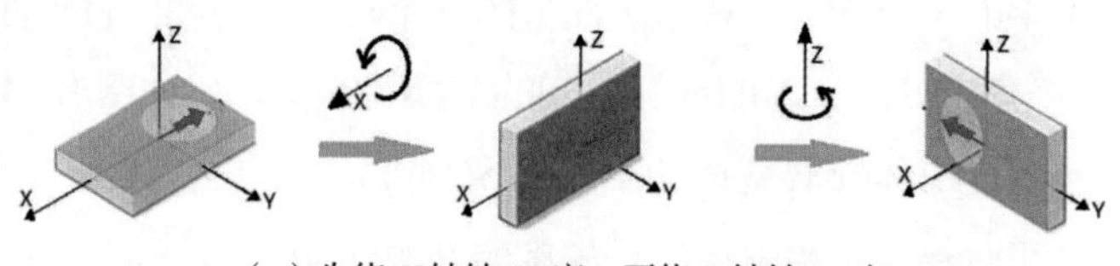

（a）先绕 X 轴转 90 度，再绕 Z 轴转 90 度

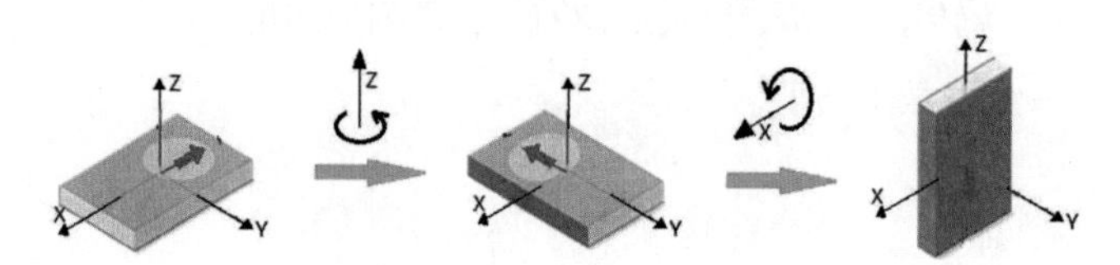

（b）先绕 Z 轴转 90 度，再绕 X 轴转 90 度

◎图 B–6　3 维转动不对易

3 维空间中绕不同方向轴的旋转是不对易的。从图 B–6 中很容易验证这种不对易性：图 B–6a 是将一本书先绕 X 轴旋转 90 度，再绕 Z 轴旋转 90 度；而图 B–6b 所示的是将原来同样位置的这本书先绕 Z 轴旋转 90 度，再绕 X 轴旋转 90 度。在两个过程中，两次旋转的前后次序不同，造成最后结果不同而证明了这两次转动是不可对易的。

因为 3 维空间旋转不对易，所以 $SO(3)$ 不是阿贝尔群。

$SU(2)$：模为 1 的 2 维复数旋转群。

$U(2)$ 群描述的是 2 维复数平面上的旋转，一个复数由两个实数组成，两个复数便有四个独立的实数变量，这样，$U(2)$ 的阶数为 4。但是，如果考虑特殊酉群 $SU(2)$，它需要满足"模为 1"的条件，这样便使得独立变量数目减少了一个，成为 3。

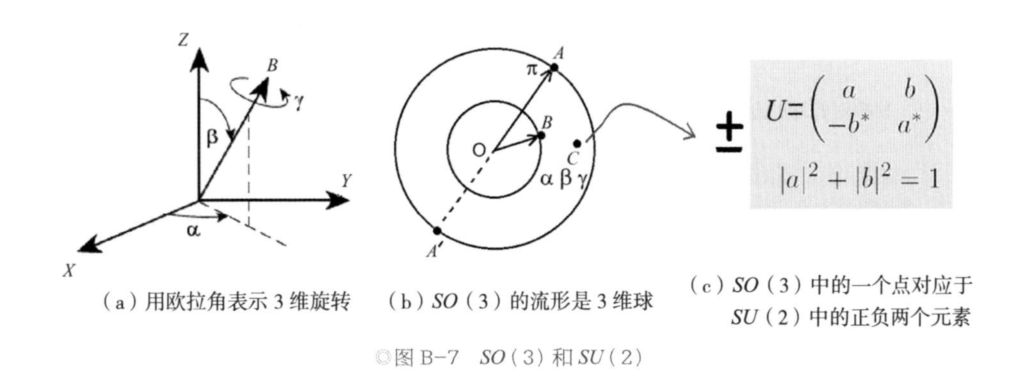

（a）用欧拉角表示 3 维旋转　（b）$SO(3)$ 的流形是 3 维球　（c）$SO(3)$ 中的一个点对应于 $SU(2)$ 中的正负两个元素

◎图 B-7　$SO(3)$ 和 $SU(2)$

因此，$SU(2)$ 与 $SO(3)$ 都是三个参数的连续群。我们在前面曾经介绍过互相同构的 $U(1)$ 与 $SO(2)$，它们是一个参数的连续群。那么，$SO(3)$ 和 $SU(2)$ 又是什么关系呢？$SU(2)$ 是 2 维复数空间中模为 1 的旋转群，可以用图 B-7c 所示的 2 维复数矩阵来表示。$SU(2)$ 的酉矩阵与 $SO(3)$ 实心球中的点是 2 对 1 的关系。如果 $SU(2)$ 的一个元素（如图 B-7c）中的 U，对应于 $SO(3)$ 中的 C 点（图 B-7b）的话，变换（$-U$）也对应于同样的 C 点。换言之，3 维空间的一个旋转，对应于复数空间两个幺模旋转。用群论的语言来说：$SU(2)$ 与 $SO(3)$ 两群间存在 2∶1 的同态关系。

1986 年，著名物理学家费曼在一次纪念狄拉克的演讲中，讲到反物质、对称和自旋时，为了生动地解释电子自旋，身体力行，模拟演示了一段水平放置的杯子在手臂上的旋转过程，如图 B-8a 所示。费曼当时以风趣的语言及精彩的表演，赢来掌声一片。

费曼奇妙的旋转演示，与物理中深奥的自旋概念，有着紧密的联系。

在物理上，$SU(2)$ 中的一个元素，对应于自旋 1/2 的粒子的波函数在 2 维表示下的一个转动，它与 3 维旋转群 $SO(3)$ 之间 2∶1 的同态关系意味着：如果自

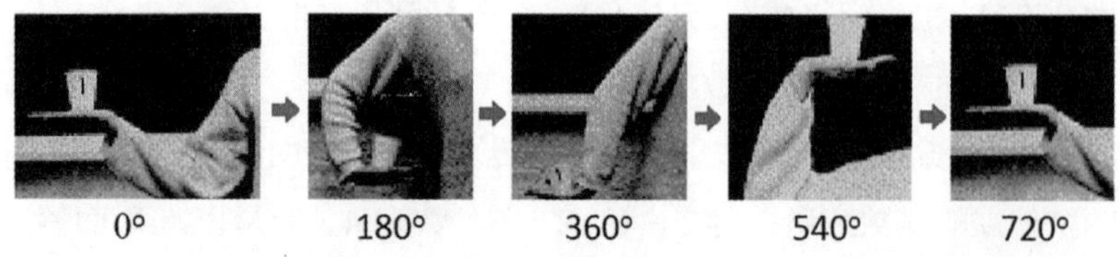

（a）费曼的水杯表演，需要转动两圈（720 度），水杯才能回到原来位置

（b）狄拉克剪刀实验：剪刀转 720 度产生的绳子铰接，可以不通过旋转解开；只转 360 度则不能

◎图 B–8　在 3 维空间旋转 360 度，一定能够复原吗？

旋 1/2 粒子的一个旋转（U），对应于 $SO(3)$ 中的某个转动 O 的话，旋转变换（$-U$）也将对应于同样的转动 O。

3 维空间中旋转了 360 度时，$SU(2)$ 中的元素只是改变了符号，相当于旋转 180 度。而如果当 3 维空间中旋转了 720 度时，$SU(2)$ 中的元素才变回原来的符号，等效于自旋空间中一个 360 度的旋转。

所以，自旋空间中的旋转只等于真实 3 维空间中旋转角的一半。这是自旋为半整数的粒子，或者说，费米子的特性。但自旋是微观粒子的内禀特性，经典世界中并无对应物。那么，在真实世界中是否也存在这种现象，旋转 360 度不能恢复原来的状态，只有当旋转 720 度时才能恢复？费曼所作的演示，便给出了这个问题的答案。费曼的演示实验，实际上是来源于狄拉克提出的所谓“Dirac’s belt”“Dirac’s scissors”等实验想法，详情请见图 B–8b 所示。

B.5 对称和守恒

艾米·诺特（Emmy Noether，1882—1935）是一位杰出的女性，才华横溢的德国数学家，曾经受到外尔、希尔伯特及爱因斯坦等人的高度赞扬。当年的希尔伯特为了极力推荐诺特得到大学教职，曾用犀利的语言嘲笑那些性别歧视的学究们说：“大学又不是澡堂！”

诺特对理论物理最重要的贡献是她的“诺特定理”。这个定理将对称与物理学中的守恒定律联系起来，揭开了自然界一片神秘的面纱。表面上看起来，对称性描述的是大自然的数学几何结构，守恒定律说的是某种物理量对时间变化的规律，两

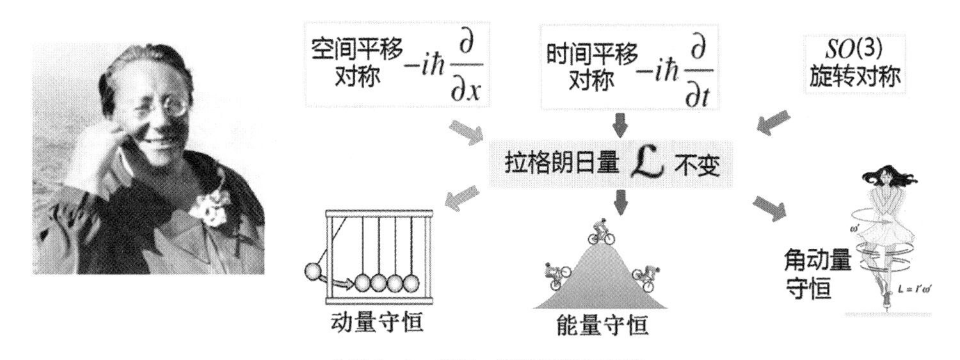

◎图 B-9 艾米·诺特和诺特定理

者似乎不是一码事。但是，这位数学才女却从中悟出了两者间深刻的内在联系。

诺特定理的意思是说，每一个能够保持拉格朗日量不变的连续群，都对应一个物理中的守恒量。物理对称性有两种：时空对称性和内禀对称性。如图 B-9 所举的例子，空间的平移群，对应于动量守恒定律；时间平移群，对应于能量守恒定律；旋转群 $SO(3)$，则对应于角动量守恒定律。

此外，规范不变反映了物理系统的内禀对称性。我们在第三篇中将介绍的统一理论标准模型中，规范对称性用三个群 $U(1)\times SU(2)\times SU(3)$ 来表示。其中的 $U(1)$ 群用于电磁规范场，所对应的守恒量是电荷 q；同位旋空间的 $SU(2)$ 规范变换对应于同位旋守恒；夸克场的 $SU(3)$ 则对应于“色”荷守恒。

在现代物理学及统一场论中，对称和守恒已经成为物理学家们探索自然奥秘的强大秘密武器。感谢诺特这位伟大的女性，为我们揭开了数学和物理之间这个妙不可言的神秘联系。

B.6 对称破缺之谜

大千世界中处处见对称，但不对称的现象也比比皆是：人的左脸并不完全等同于右脸，地球并不是完全球形，心脏多数长在左边，DNA 分子一般右旋。上帝并不是一个左右不分的痴呆者，自然规律要简单，世间万物却要五彩缤纷。正是因为对称中有了这些不对称的元素，两者和谐交汇，才创造了世界的美丽。

各种对称的程度不一样，有高有低。比如说，一个正三角形和一个等腰三角形比较，正三角形应该更为对称一些，如图 B-10a。再举旋转群为例：一个球面是 3 维旋转对称的，在 $SO(3)$ 群作用下不变，而椭球面只能看作是在 2 维旋转群 $SO(2)$ 的作用下不变了。用不很严格的说法，$SO(2)$ 是 $SO(3)$ 的子群，因此，球

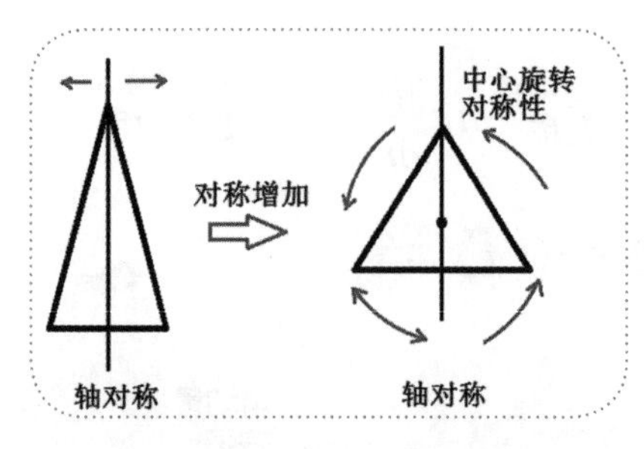

(a) 等边三角形比等腰三角形更对称

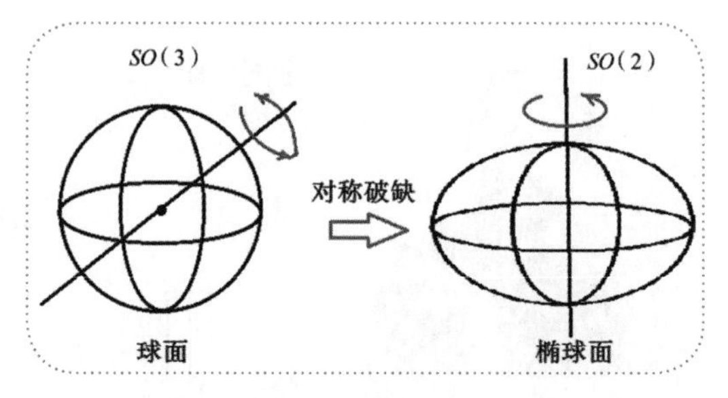

(b) SO(2)是SO(3)的子群

◎图 B–10　对称性的不同等级

面比椭球面具有更多的对称性。如果从对称性的高低等级来定义的话，系统从对称性高的状态，演化到对称性更低的状态，被称为“对称破缺”，反之则可称为“对称建立”。例如，当正三角形变形为等腰三角形，或者当球面变成椭球面，我们便说“对称破缺了”。从群的观点来看，*SO*（3）有三个参数，*SO*（2）只有一个，从球面到椭球面，二个对称性被破缺了。

物质的相变也是一种对称破缺（或提升）。物质三态中，液态比晶体固态具有更高的对称性。液态分子处于完全无序的状态，处处均匀，各向同性，凝固成固态后，分子有次序地排列起来，形成整齐漂亮的晶格结构。因此，从液态到固态，有序程度增加了，而对称性却降低了，破缺了。

物理学家将“对称性的破缺”分为两大类：明显对称破缺和自发对称破缺。

明显的对称破缺：系统的拉格朗日量明显违反某种对称性，因而造成物理定律不具备这种对称性。弱相互作用的宇称不守恒，便是属于这一类。

自发对称破缺又是什么意思呢？它指的是物理系统的拉格朗日量具有某种对称性，但物理系统本身却并不表现出这种对称性。换言之，物理定律仍然是对称的，但物理系统实际上所处的某个状态并不对称。图 B–11 中举了几个日常生活中的例子来说明对称性的“破缺”。

图 B–11a 中所示是一个在山坡上的石头，山坡造成重力势能的不对称性，使得石头往右边滚动，这是一种明显对称性破缺。如图 B–11b 所示，一支铅笔竖立在桌子上，它所受的力是四面八方都对称的，它往任何一个方向倒下的概率都相等。但是，铅笔最终只会倒向一个方向，这就破坏了它原有的旋转对称性。这种破坏不是由于物理规律或周围环境的不对称造成的，而是铅笔自身不稳定因素诱发的，所以叫自发对称破缺。如图 B–11c 所示，水滴结晶成某个雪花图案的过程也

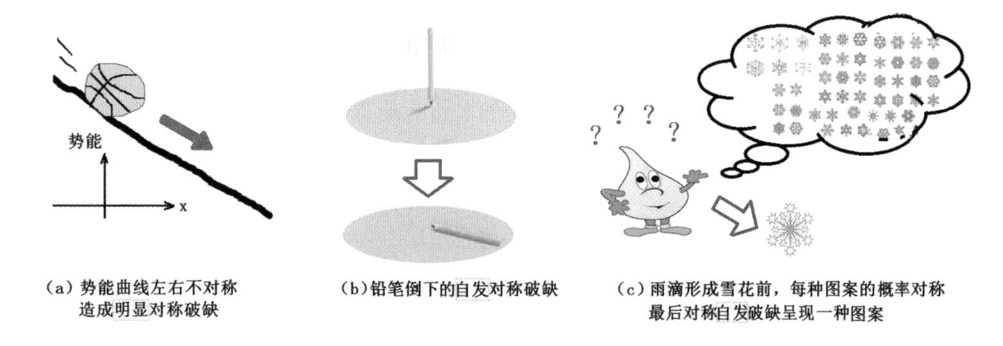

◎图 B-11　自然界的明显对称破缺和自发对称破缺

属于自发对称性破缺。

最早从物理学的角度来探索非对称性和对称破缺的，是法国物理学家皮埃尔·居里（Curie，著名的居里夫人的丈夫）。皮埃尔说："非对称创造了世界。"后来，皮埃尔发现了物质的居里点，当温度降低到居里点以下，物质表现出自发对称破缺。例如，顺磁体到铁磁体的转变属于这种对称破缺。在居里温度以上，磁体的磁性随着磁场的有无而有无，即表现为顺磁性。外磁场消失后，顺磁体恢复到各向同性，是没有磁性的，因而具有旋转对称性。当温度从居里点降低，磁体成为铁磁体而有可能恢复磁性。如果这时仍然没有外界磁场，铁磁体会随机地选择某一个特定的方向为最后磁化的方向。因此，物体在该方向表现出磁性，使得旋转对称性不再保持。换言之，顺磁体转变为铁磁体的相变，表现为旋转对称性的自发破缺。

如今看起来，自发对称破缺的道理不难理解，但当初却曾经困惑物理学家多年。自发对称破缺就是说，自然规律具有某种对称性，但服从这个规律的现实情形却不具有这种对称性，因而在实验中没有观察到这种对称性，理论似乎与实验不符合。如用数学语言描述，就是系统的方程具有某种对称性，但方程的某一个解不一定要具有这种对称性。一切现实情况下的实验结果，是系统"自发对称破缺"后的某种特别情形。它们只能表现方程的某一个解，反映的只是物理规律的一小部分侧面。

继皮埃尔·居里之后，苏联物理学家朗道和金斯堡用对称自发破缺来解释超导。美国物理学家安德森扩展了他们的工作。后来，日裔美国物理学家南部阳一郎首先将"对称破缺"这一概念从凝聚态物理引进到粒子物理学中。南部为此和另外两位日本物理学家——发现正反物质对称破缺起源的小林诚和益川敏英，分享了

2008 年的诺贝尔物理学奖。

凝聚态物理和粒子物理，初看似乎是两个风马牛不相干的领域，在研究时所涉及的能量级别上也相差几百亿倍，但它们在本质上却有一个共同之处：研究的都是维数巨大的系统。粒子物理基于量子场论，凝聚态物理研究的是连续多粒子体系。量子系统的维数需要趋于无穷大，是自发对称破缺发生的必要条件。

自发对称破缺的原因，是因为真空态的简并。我们也可以从上面所说的经典例子来理解这点。比如说图 B-11b 所示的铅笔，上图中的铅笔的平衡位置，是一个能量较高的不稳定状态，倒下去之后躺在桌子上的状态能量最低，可以看作是某种稳定的“基态”。因为铅笔可以向任何一个方向倒下，因而基态不止一个，而是有无穷多个。也就是说，铅笔的“基态”是“简并”的，无限多的。就“基态”的整体而言，是和物理规律一样具有旋转对称性，但是铅笔往一边倒下后，便只能处于一个具体的“基态”，那时就没有旋转对称性了。

C 流形和拓扑

C.1 流形

流形是平坦空间的推广。平坦空间就是我们熟知的直线、平面等欧氏空间。将欧氏空间概念稍微扩展一下，只要求空间中每个局部看起来是平坦的，就可以称之为流形。比如说，一根直线弯曲连接成圆，是 1 维流形，因为圆上每个点附近的一小段，都可看作直线。但是，如果连成了一个 8 字形，就不算是流形了，因为在 8 字形那个交叉点的附近，是不能局部等效于直线的。本书中并未严格区分“流形”和“空间”，有时候两个词汇通用。

流形可以被简单地理解为局部平直的几何空间。如果以不同的维数来分类，可以有 1 维流形、2 维流形……n 维流形。

图 C-1 是流形的例子。虽然流形的维数 n 可以是任何正整数，但在一个平面图上我们只能画到 2 维流形，再高维的就画不出来了，只好辅之以想象。

球面、环面、面包圈面、莫比乌斯带、克莱因瓶都是 2 维流形的例子。它们每个点附近的小局部看起来，都类似于平面，但整体拓扑却大不一样。因此，流形和欧式空间的局部几何性质相似，但整体拓扑性质可以不同。

拓扑学主要研究空间在连续变换下的不变性质和不变量。它和几何学研究空间

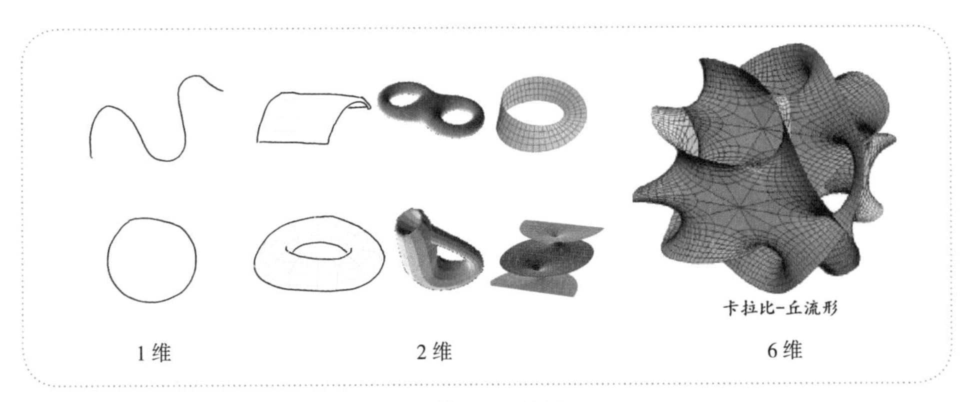

◎图 C-1　流形

的方式不同。拓扑学不感兴趣“点之间的距离”这样的东西，它只感兴趣点之间的连接方式，即“连没连”“怎样连”这样的问题。所谓的“连续变换”的意思就是说空间不能被撕裂和粘贴，但可以如同橡皮膜一样地被拉伸，因此拓扑也被俗称为“橡皮膜上的几何学”。

C. 2 连通性

单连通意味着流形上不存在不能连续地收缩到一个点的闭曲线。反之则是多连通，图 C-2 举例说明了各种连通。例如，右边两个图中存在至少一条闭曲线，它显然不能连续地收缩到一个点，由此表明它们不是单连通的。

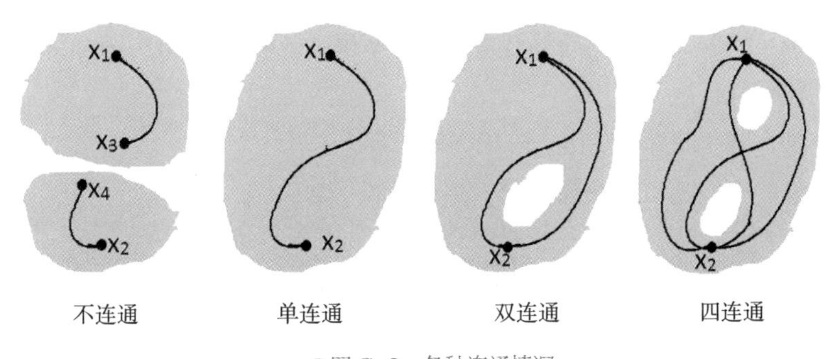

◎图 C-2　各种连通情况

C. 3 亏格

2 维流形最直观有趣。其中像球面及面包圈面这样的流形，属于“有限、无边界、有方向”的，被研究得最深入，其拓扑性质可以用“亏格”来描述和分类。对实闭曲面而言，通俗地说，亏格 g 就是曲面上洞眼的个数（图 C-3）。

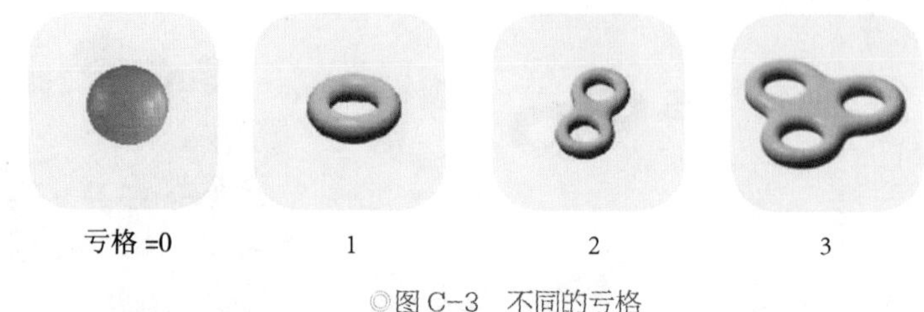

◎图 C-3　不同的亏格

C. 4 欧拉示性数

欧拉示性数（Euler characteristic）是 2 维拓扑空间的一个拓扑不变量。比如，具有 F 个面、V 个顶角和 E 条棱边的多面体的欧拉示性数 $L=F+V-E$。

如果多面体是单连通的，可以证明：$L=F+V-E=2$。比如立方体，6−12+8=2；四面体，4−6+4=2。这实际上在中学几何中学习多面体的时候就知道的欧拉公式。

对有限无边界有向的 2 维流形，欧拉示性数 L 和亏格 q 的关系为：$L=2-2q$。

C. 5 陈氏类（陈类、陈数）

类似欧拉示性数，陈氏类用以刻画不同拓扑。不过，陈类的对象是复流形。复 1 维的里曼面只有一个陈氏类，即第一陈氏类，正好等于欧拉示性数。复 2 维的流形具有第一和第二陈氏类。弦论所关心的复 3 维（或实 6 维）流形，则有三个陈氏类，第一、第二、第三。

复流形第一陈氏类等于零的例子：

复 1 维：环面的欧拉示性数为零而球面欧拉示性数为 1，所以第一陈氏类：环面 =0，球面 =1。

复 2 维：“K3 曲面”的第一陈氏类等于零。

复 3 维：卡拉比 – 丘流形的第一陈氏类等于零。

C. 6 纤维丛

纤维丛可以看作是乘积空间的推广。简单乘积空间的例子很多，例如，2 维平面 XY 可以当作是 X 和 Y 两个 1 维空间的乘积，圆柱面可以看作是圆圈和 1 维直线空间的乘积。

纤维丛是基空间和切空间（纤维）两个拓扑空间的乘积。平面可看作 X 为基底、Y 为切空间的丛，圆柱面可看成圆圈为基底、1 维直线为切空间的纤维丛。只不过平面和圆柱面都是平庸的纤维丛，“平庸”的意思是说两个空间相乘的方法在基空间的每一点都是一样的。如果不一样的话，就可能是非平庸的纤维丛了，比如莫比乌斯带（见图 C–4）。

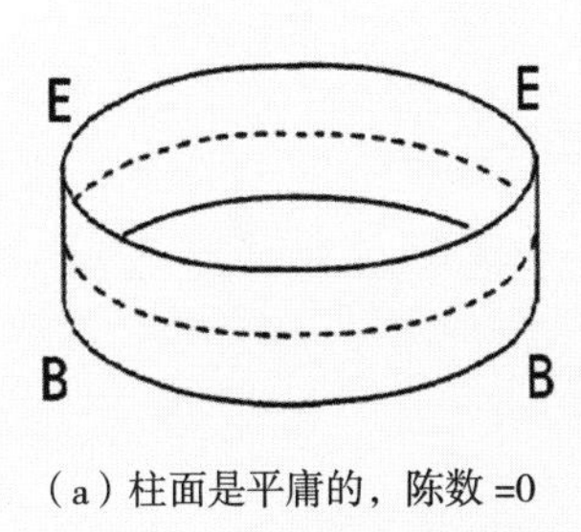

（a）柱面是平庸的，陈数 =0

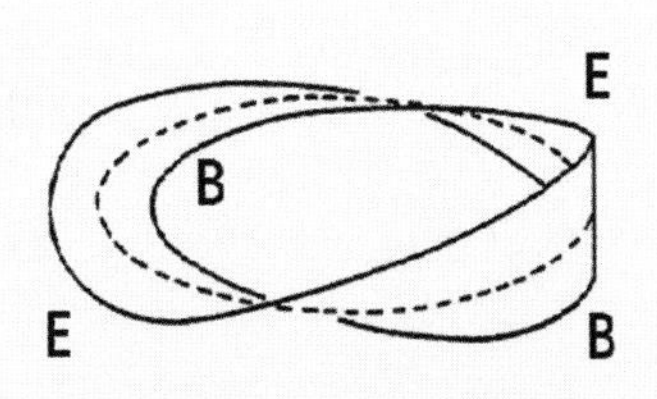

（b）莫比乌斯带不平庸，陈数 =1

◎图 C–4　纤维丛

有人给了一个纤维丛的直观理解：将人的头作为基底，头发是纤维，长满了头发的脑袋则是纤维丛。

如上所述，纤维丛有平庸和不平庸之分，纤维丛的这个拓扑性质可以用数学家陈省身命名的“陈类”来分类。比如说，可用一个不变量——“第一陈数”为零或非零，来表征图 C–4 中的圆柱面和莫比乌斯带纤维丛拓扑性质的不同。陈数可直观地理解为基空间的点改变时，纤维绕着基空间转了多少圈。从图 C–4 可见，相对于平直的圆柱面而言，当基空间参数变化一圈时，莫比乌斯带上的“纤维”，绕着基空间“扭”了一圈。

名词解释及索引

参考资料

[1] B.格林.宇宙的琴弦[M].李泳，译.长沙：湖南科学技术出版社，2016.

[2] 张天蓉.群星闪耀：量子物理史话[M].北京：清华大学出版社，2021: 150.

[3] 张天蓉.极简量子力学[M].北京：中信出版社，2019: 30–50.

[4] 劳伦斯・克劳斯.理查德・费曼传[M].北京：中信出版社，2019.

[5] 量子场论，维基百科: https://zh.wikipedia.org/wiki/%E9%87%8F%E5%AD%90%E5%9C%BA%E8%AE%BA.

[6] https://en.wikipedia.org/wiki/Creation_and_annihilation_operators.

[7] F. J. Dyson, The Radiation Theories of Tomonaga, Schwinger, and Feynman, Phys. Rev. 75, 486 - Published 1 February 1949.

[8] 刘寄星：彭桓武先生和他的法国学生[EB/OL]. http://www4.newsmth.net/nForum/#!article/TsinghuaCent/299535?au=kittydog.

[9] Cécile Morette, On the Production of π–Mesons by Nucleon–Nucleon Collisions, Phys. Rev. 76, 1432 (1949) - Published 15 November 1949.

[10] Higgs P W. Broken Symmetries and the Masses of Gauge Bosons [J]. Physical Review Letters, 1964, 13(16): 508 - 509.

[11] Dyson F J. Birds and Frogs [M]. Selected Papers of Freeman Dyson, 1990–2014 [M]. Singapore: World Scientific Publishing Company, 2015: 212–222.

[12] 杨振宁.我的学习与研究经历 [EB/OL] http://www.ishare5.com/4526563/.

[13] 盖尔曼 . 译者：杨建邺，夸克与美洲豹 [M] . 杨建邺，译 . 长沙：湖南科学技术出版社，1997.

[14] 高斯 . 关于曲面的一般研究 [M] . 哈尔滨：哈尔滨工业大学出版社，2016.

[15] 张天蓉 . 广义相对论与黎曼几何系列之四：内蕴几何 [J] . 物理，2015，44 (08) : 539–541. http://www.wuli.ac.cn/CN/Y2015/V44/I08/539.

[16] Jacob D. Bekenstein. Black Holes and Entropy. Physical Review D. 1973, 7 (8) : 2333–2346 [2008–10–17] .

[17] Hawking ,S.W. (1974) . “Black hole explosions?” . Nature 248 (5443) : 30–31.

[18] 伦纳德 · 萨斯坎德 . 黑洞战争 [M] . 李新洲，等译 . 长沙：湖南科技出版社，2010：151–199.

[19] Veneziano, G. (1968) . “Construction of a crossing–symmetric, Regge–behaved amplitude for linearly rising trajectories”. Nuovo Cimento A. 57 (1) : 190–7.

[20] Shing–Tung Yau and Steve Nadis, The Shape of Inner Space, Basic Books, New York, pp.169–70.

[21] https://en.wikipedia.org/wiki/Torus.

[22] A.Almheiri ,D. Marolf, J. Polchinski, J. Sully, Black Holes: Complementarity or Firewalls?, J. High Energy Phys. 2, 062 (2013) .

[23] S.W. Hawking, M. J. Perry, and A. Strominger, “Soft Hair on BlackHoles,” Phys. Rev. Lett. 116, 231301 (2016) .